훅이 들려주는 **세포** 이야기

훅이 들려주는 세포 이야기

초　판　1쇄 발행일 | 2005년 6월 30일
개정판　1쇄 발행일 | 2010년 9월 1일
개정판 15쇄 발행일 | 2021년 5월 31일

지은이 | 이홍우
펴낸이 | 정은영
펴낸곳 | (주)자음과모음

출판등록 | 2001년 11월 28일 제2001－000259호
주　　소 | 04047 서울시 마포구 양화로6길 49
전　　화 | 편집부 (02)324－2347, 경영지원부 (02)325－6047
팩　　스 | 편집부 (02)324－2348, 경영지원부 (02)2648－1311
e－mail | jamoteen@jamobook.com

ISBN 978－89－544－2030－3 (44400)

• 잘못된 책은 교환해드립니다.

흙이 들려주는

세포 이야기

| 이흥우 지음 |

㈜자음과모음

| 책머리에 |

세포의 세계로
미래의 과학자를 초대하며

그곳은 하나의 우주

그곳엔 질서가 있고
그곳엔 지혜가 가득하나니

귀 기울이는 자에게는
생명의 노래가
들리리라

제가 세포를 생각하며 지은 시입니다. 저는 시골에서 자랐습니다. 여름밤에는 마당에 펴 놓은 멍석에 누워 하늘을 바라보곤 하였습니다. 맑은 공기가 가득한 밤하늘에는 언제나 수많은 별들이 떠 있었습니다. 별들을 보며 생각하였습니다. 별들은 어떻게 제자리를 지킬 수 있을까, 왜 서로 부딪치지 않을까, 우주의 끝은 어딜까. 밤하늘은 어린 저에게 신비의 세계였습니다.

세포를 공부하다 보면 마치 어린 시절 밤하늘을 바라보던 때와 같이 신비로움을 느끼게 됩니다. 세포에는 놀라운 질서가 있고, 생명의 지혜가 가득 차 있기 때문입니다. 저는 세포의 신비로움을 조금이나마 여러분에게 전해 주고자 이 책을 썼습니다.

이 책은 현미경을 발명한 훅이 우리나라에 와서 수업을 하는 형식으로 썼습니다. 그래서 문장도 이야기 형식을 띠고 있습니다. 아무쪼록 읽고 생물 공부에 조금이나마 도움이 되었으면 하는 소망을 가져 봅니다.

끝으로 책을 예쁘게 만들어 주신 강병철 사장님과 직원 여러분에게 깊은 감사를 드립니다.

이 흥 우

차례

부록

첫 번째 수업 1

맨눈으로는 안 보여요

세포가 작은 이유에 대해 알아봅시다.

1

첫 번째 수업

맨눈으로는 안 보여요

교. 과. 연. 계.

중등 과학 1	6. 생물의 구성
고등 생물 II	1. 세포의 특성

훅 박사가 세포에 대한 이야기로 첫 번째 수업을 시작했다

세포는 생명이 시작되는 작은 우주입니다. 세포에는 놀라운 운행의 법칙이 있으며, 생명을 이루는 지혜가 가득하답니다. 여러분과 함께 세포를 이야기하게 되어서 무척 기쁩니다. 내 이야기를 들음으로써 여러분이 세포에 대해 더 깊이 알게 되기를 바랍니다. 그리고 세포에서 들리는 생명의 노래를 들을 수 있길 바랍니다.

이제 본격적인 이야기를 시작할게요.

세포는 아주 작다

세포는 아주 작습니다. 그래서 맨눈으로는 볼 수가 없지요. 물론 세포 중에는 알처럼 큰 것도 있지만, 보통 세포는 눈으로 보이지 않는답니다. 친구의 얼굴이나 식물의 잎을 보세요. 세포가 보이나요? 안 보이지요. 사람의 눈은 약 0.2mm(=200μm) 정도를 볼 수 있답니다. 즉 0.2mm보다 작은 거리에 두 점이 있다면 그것을 한 점으로 본다는 것입니다. 세포의 크기는 보통 20μm(1μm = 1/1,000mm) 정도입니다. 그러니 우리 눈으로는 세포와 세포가 구분되어 보이지 않는 것이지요.

만일 우리 눈이 20μm 정도를 볼 수 있다면 어떨까요? 얼굴이나 손에 있는 세포가 하나하나 보일 것입니다. 세포뿐 아니라 세균도 보일 것입니다. 친구의 얼굴에 세포가 보이고 얼굴에 묻어 있는 세균이 보인다면 어떨까요? 그렇다면 친구가 보기 좋을까요? 아무리 예쁜 얼굴이라도 예쁘게 보이지 않을 것 같네요. 눈이 아주 밝으면 살아가기에 오히려 불편할 것 같지 않나요? 적당히 보이지 않는 것이 오히려 세상이 더 아름답게 보이도록 할 것입니다.

자, 그러면 왜 이렇게 세포가 작아야만 할까요?

다음과 같이 한 변이 1mm, 2mm, 4mm인 정육면체가 3개 있다고 합시다.

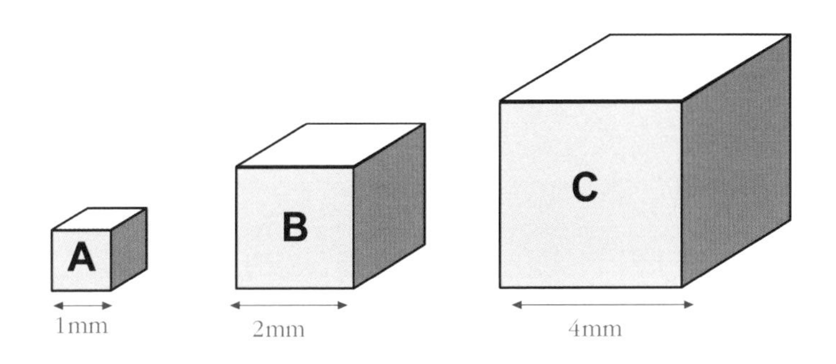

각각의 표면적과 부피를 표로 정리하면 다음과 같아요.

한 변	1mm	2mm	4mm
표면적	$1mm^2 \times 6 = 6mm^2$	$4mm^2 \times 6 = 24mm^2$	$16mm^2 \times 6 = 96mm^2$
부피	$1mm^3$	$2 \times 2 \times 2 = 8mm^3$	$4 \times 4 \times 4 = 64mm^3$
표면적 : 부피	6:1	24:8=3:1	96:64=1.5:1

한 변의 길이가 2배, 4배로 커짐에 따라 부피는 각각 8배, 64배가 커지지만 표면적은 각각 4배, 16배로 커지지요. 즉, 부피가 커지는 것보다 표면적이 커지는 비율이 더 낮다는 것을 알 수 있지요. 이것은 부피가 커질수록 상대적으로 표면적이 좁아지는 것을 의미합니다. 그러므로 세포가 큰 경우에 비

해 작은 경우가 상대적으로 표면적이 더 넓어지는 것입니다.

세포가 작은 데는 이유가 있다

그러면 표면적이 넓어지면 어떤 점에서 유리한가요? 세포는 밖으로부터 계속 영양소와 산소를 공급받아야 삽니다. 그리고 영양소와 산소는 세포막을 통과하여 들어가게 됩니다. 그래서 세포막이 넓을수록 영양소나 산소가 더 쉽게, 더 많이 세포 안으로 들어올 수 있는 것입니다.

그리고 세포 중심까지도 거리가 짧아 산소와 영양소가 전달되기에 유리한 것입니다. 그렇다고 마냥 세포가 작아지면 어떤 문제가 생길까요? 세포 안에 핵을 비롯하여 여러 가지 세포의 기관을 담기 어려울 것입니다. 그래서 세포의 여러 기관을 담고 있을 정도로만 세포의 크기가 작아지는 것입니다. 자연은 낭비가 없다는 말이 생각납니다. 세포를 최대한 작게 하되 기관을 담을 만큼만 작아진 것입니다.

그러면 다음에 나오는 그림처럼 세포 a가 c처럼 작아지며 생장하는 것은, 세포 b처럼 커지며 생장하는 것에 비해 항상 유리할까요? 불리한 점이 있다면 어떤 것일까요? 여러분 각

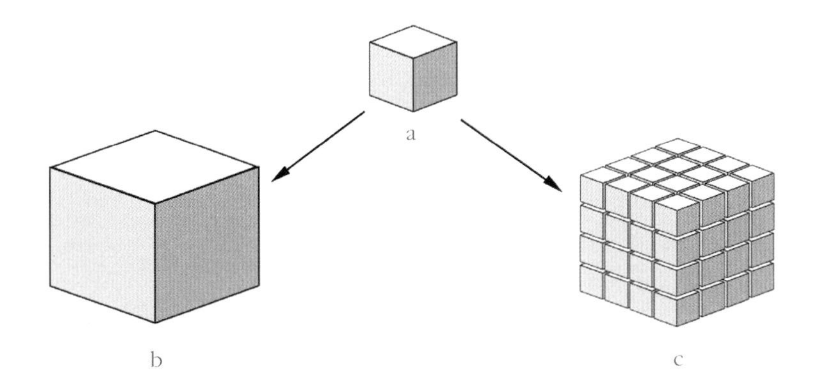

자가 잠시 생각해 보기 바랍니다.

먼저 유리한 점을 말해 볼까요? 표면적이 넓어져서 영양소나 산소가 들어가기에 좋다는 점 말고요. 손 든 학생 대답해 보세요.

__여러 형태로 만들어질 수 있습니다. 커다란 세포가 하나 있는 것보다 작은 것이 여러 개 있다면 각 세포가 여러 형태로 변하여 다양한 기능을 할 수 있습니다.

예, 좋은 생각이군요. 그렇습니다. 세포가 여러 개 있으면 다양하게 변하여 여러 가지 일을 할 수 있지 않을까요? 이를테면 신경 세포, 각막 세포, 근육 세포, 뭐 이런 식으로요.

__또, 세포가 하나 상하더라도 다른 세포가 남아 있어 죽음을 막을 수 있습니다.

__여러 기관이 생겨나기에 편리합니다.

그럴 것 같네요. 자, 그러면 이번에는 세포가 작아질 때 불리한 점을 말해 볼까요?

학생들이 여러 가지를 답하고, 훅 박사는 학생들의 의견을 다음과 같이 칠판에 정리하였다.

《세포가 작아질 때 유리한 점》

- 표면적이 넓어져 더 많은 영양소와 산소가 들어갈 수 있다.
- 다양한 기능을 가진 세포가 생겨날 수 있다.
- 세포 중 일부가 손상되더라도 전체적으로는 안전하다.
- 각 세포 내에서 정보를 전달해야 할 거리가 가까워져서 효율적이다.
- 여러 모양의 기관을 만들기에 좋다.

《세포가 작아질 때 불리한 점》

- 세포 분열에 너무 많은 에너지와 영양소를 소비한다.
- 세포마다 필요한 세포막이나 DNA를 만드는 데 자료가 많이 들어간다.
- 세포 간 연락 수단이 필요하고, 세포 간에 서로 연락이

잘 안 될 수가 있다.

- 세포가 분열하는 과정에서 돌연변이가 생길 확률이 높아진다.
- 여러 가지 세포 기관을 모두 담기에 불리하다.
- 영양소 저장에 불리하다.

칠판에 적은 것은 여러분의 생각입니다. 다 어느 정도 일리가 있고, 또 반대 의견이 있을 만한 것도 있습니다. 각자 다시 한 번 깊이 생각해 보고, 자신이 그것에 동의하는지 판단하기 바랍니다.

그렇습니다. 여러분의 생각처럼 작은 세포가 유리한 점만 있는 것이 아니라 불리한 점도 있을 것입니다. 그러나 세포의 몸집에 비해 표면적이 넓어야 세포가 죽지 않고 살아갈 수 있기 때문에 세포가 작은 것이라고 볼 수 있습니다.

세포 중에서도 특히 작은 세포의 예를 하나 들어 볼까요? 우리 몸에서 산소를 운반하는 세포는 적혈구이지요. 혈액 속에 들어 있는 적혈구 때문에 피가 붉게 보인답니다. 적혈구가 붉게 보이는 까닭은 붉은 색소인 헤모글로빈이 들어 있기 때문이랍니다.

적혈구의 지름은 7.5μm 정도이고 두께는 2μm 정도이지

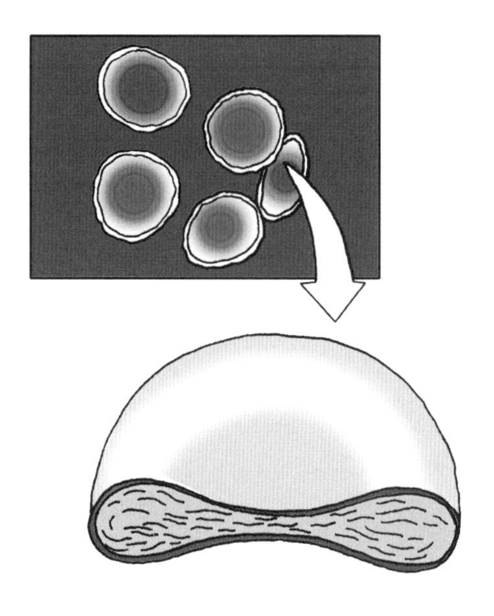

요. 보통 세포가 20μm 정도인 것을 생각하면 적혈구는 보통 세포 지름의 $\frac{1}{3}$ 정도가 되는 셈입니다. 그리고 납작한 모양으로 생겼으니 보통 세포 부피의 $\frac{1}{15}$ 도 안 된다고 볼 수 있습니다. 이렇게 작은 적혈구이기 때문에 몸집에 비해 표면적이 넓어져서 산소가 드나들기에 편리한 것입니다.

또한, 도넛처럼 굴곡이 있어 표면적은 더 넓답니다. 적혈구는 크기가 작은 대신 많은 숫자가 핏속에 들어 있답니다. 1mm^3 속에 500만 개가 들어 있고, 그래서 보통 어른 남자는 3×10^{13}개 정도의 적혈구를 갖는다니 그저 놀랍기만 합니다.

자, 지금까지 세포가 작다는 이야기를 했습니다. 그 예로 적혈구 이야기도 했고요. 여기서 자연의 지혜를 한 가지 만나게 됩니다. 세포의 크기 하나라도 대충 정해지는 법이 없다는 것이지요. 세포, 그것은 자연의 지혜가 가득 찬 세계랍니다.

만화로 본문 읽기

선생님, 빛은 연속적으로 이루어진 것인가요?
세포를 관찰해 보려고요.

그런데 선생님, 돋보기로 보니 얼굴이 훨씬 크고 자세하게 보여요.
사람의 눈은 약 0.2mm(=200μm) 정도를 볼 수 있답니다. 즉 0.2mm보다 작은 거리에 있는 두 점은 한 점으로 보입니다. 돋보기를 이용하면 좀 더 크게 볼 수 있겠지요.

그런데 세포는 안 보이는 거 같아요.
안 보이는 게 당연하답니다. 물론 세포 중에는 알처럼 큰 것도 있지만, 보통 세포는 눈으로 보기 힘들답니다.

세포의 크기는 보통 20μm(1μm=mm) 정도입니다. 그러니 우리 눈으로는 세포와 세포가 구분되어 보이지 않는 것이 당연하지요. 만일 우리 눈이 20μm 정도를 볼 수 있다면 어떨까요?

얼굴이나 손에 있는 세포를 볼 수 있으니까 좋을 것 같은데요.
우리 눈이 20μm 정도까지 볼 수 있다면 세포뿐 아니라 세균도 보일 것입니다. 친구의 얼굴에 세포와 함께 얼굴에 묻어 있는 세균이 보인다면 어떨까요?

적당히 보이지 않는 것이 오히려 세상을 더 아름답게 보이도록 하지 않을까요?
상상만 해도 싫어요.

두 번째 수업 2

고마워요, **현미경!**

세포 연구를 가능하게 한 현미경에 대해 알아봅시다.

2

두 번째 수업

고마워요, 현미경!

교.과.연.계.	중등 과학 1	6. 생물의 구성
	고등 생물 II	1. 세포의 특성

훅 박사가 현미경을 들고 두 번째 수업을 시작했다.

지난 시간에는 세포가 작다는 것에 대해 이야기했습니다. 그래서 우리 눈에 보이지 않는다고 했지요. 그러나 오늘날 우리는 세포에 대해 많은 것을 알고 있습니다. 겉모습은 어떻게 생겼는지, 그리고 세포 안에는 어떤 것이 들어 있는지 상당히 많이 알고 있습니다. 물론 세포 안에서 일어나는 일에 대해서는 아직 모르고 있는 것이 더 많지만 말입니다.

세포 연구의 역사는 현미경의 역사와 같다

우리가 세포의 모습에 대해 알게 된 역사는 현미경의 역사와 같답니다. 내가 현미경을 발견하여 세포를 보기 시작했다는 것은 여러분도 이미 알고 있지요?

내가 본 세포는 코르크 조각에 있는 것이었는데, 세포의 내용물은 없어지고 세포의 껍질, 그러니까 식물 세포의 세포벽만 남아 있는 모습을 본 것이었지요. 나는 그 작은 방을 '셀(cell, 세포)'이라고 불렀지요. 셀이란 '작은 방'이라는 의미가 있답니다. 한국말로는 '세포(細胞)'라 하는데, 이는 '작은 주머니'라는 의미를 가지고 있다고 해요.

내가 만든 현미경의 원리는 아주 간단하답니다. 돋보기 2개로 물체를 본다고 생각하면 되지요. 하나의 돋보기로 확대한 것을 다른 돋보기로 더 확대해서 보는 거지요. 오늘날 여러분이 학교에서 보는 현미경도 이 방법을 따른 것입니다. 현미경에서 보려고 하는 물체에 가까이 있는 렌즈를 무엇이라 하지요?

__ 대물렌즈입니다.

그래요. 물체를 대면하고 있다 하여 대물렌즈라 하지요. 그리고 눈에 가까운 렌즈를 접안렌즈라고 하는데, 눈에 접하고 있는 렌즈라는 의미이지요.

현미경의 발명으로 세포에 막이 있다는 것, 그리고 세포마다 중심에 핵이 있다는 것을 알게 되었지요. 그뿐만 아니라 하나의 세포로 된 짚신벌레, 유글레나 등과 같은 원생생물과 세균 등을 관찰할 수 있게 되었고, 정자와 난자도 관찰할 수 있게 되었지요. 여러분도 현미경을 통하여 세포막이나 세포 속에 있는 핵을 본 경험이 있을 것입니다. 그리고 세포가 분열할 때 나타나는 염색체도 본 경험이 있을지 모르겠습니다.

아무튼 현미경의 발달로 세포를 관찰하게 되었고, 동물이건 식물이건 생물의 몸은 세포로 이루어졌다는 내용을 알게 되었답니다.

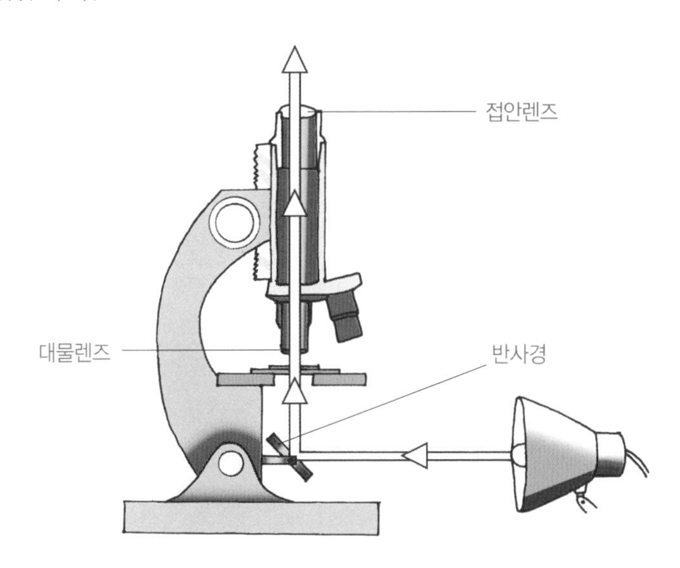

여러분이 학교에서 이용하는 현미경은 광학 현미경이라고 한답니다. 광학 현미경이라는 이름은 빛(光)을 이용하여 물체를 보기 때문에 붙여졌습니다. 광학 현미경은 우리 눈으로 직접 물체를 볼 수 있다는 장점이 있지만, 배율이 그다지 높지 않답니다.

배율이란 길이의 배율을 말한다

여기서 잠깐 배율이 무엇인지 알아봅시다. 여러분이 1cm의 선을 노트에 그렸다고 해요. 이 선을 현미경을 이용하여 2배의 배율로 하면 몇 cm로 보일까요? 물론 2cm의 크기로 보일 겁니다.

그렇다면 1cm²의 면적을 2배의 배율로 보면 몇 cm²로 보

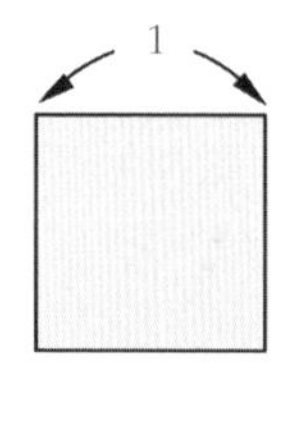

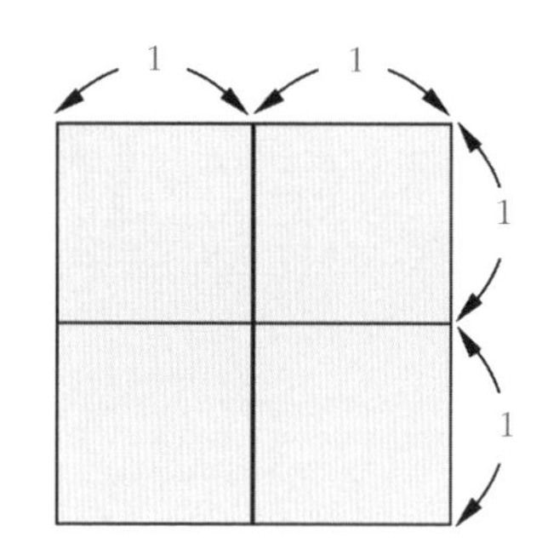

일까요? $2cm^2$로 보일까요? 아닙니다. 한 변을 2배로 확대하여 보니 $2cm \times 2cm = 4cm^2$로 면적이 4배로 넓게 보입니다. 면적은 길이의 제곱에 비례하기 때문입니다.

이것을 응용하여 문제를 하나 내볼까요? 생물 시험에 자주 나오는 문제이지요.

현미경으로 양파 세포를 보니 16개가 보였습니다. 배율을 2배로 높이면 몇 개의 세포가 보일까요? 4개입니다. 왜냐고요? 배율을 2배로 높이면 길이가 2배로 확대되니 세포의 크기가 4배로 되는 것이지요. 그래서 현미경에 16개가 보이던 것이 4개만 보이게 된답니다.

여러분은 학교에서 100배, 200배로 보거나 배율이 높다 하더라도 400배 이상은 보지 못했을 것입니다. 실제로 광학 현미경은 1,000배 이상은 보기 어렵답니다. 공기와 유리 사이에서는 빛이 굴절하는 성질이 있는데, 그 굴절하는 정도 때문에 1,000배 이상은 보기 어려운 것입니다. 그러니 여러분이 책에서 5,000배나 1만 배로 확대한 사진을 보았다면 그것은 광학 현미경으로 본 상이 아닌 것입니다.

광학 현미경으로 세포를 관찰한 생물학자들의 관심은 자연스럽게 세포 안에서 무슨 일이 일어나는지로 옮겨 갔답니다. 그리고 세포를 좀 더 자세히 들여다보고 싶은 욕망이 생겼습

니다. 그러던 중 세포 연구에 또 하나의 중요한 사건이 발생했는데, 바로 전자 현미경의 발명이랍니다.

전자 현미경에는 2종류가 있다

전자 현미경으로 볼 수 있는 배율은 1만 5,000배 이상입니다. 전자 현미경은 0.5nm(1nm＝1/100만 mm) 정도까지 구분할 수 있답니다. 우리 눈보다 25만 배 이상 작은 것을 볼 수 있는 겁니다. 전자 현미경은 생물학자가 발명한 것은 아닙니다.

원래 물리학을 하던 학자가 발명하여 이용하던 것을 생물학자들이 세포를 보는 데 이용한 것이지요. 그러므로 우리가 세포의 내부를 자세히 들여다보게 된 것도, 그리하여 세포에 대해 많이 알게 된 것도 물리를 공부하는 분들의 공이 큰 것을 알 수 있습니다. 참 감사할 일이지요.

전자 현미경은 이름 그대로 전자를 이용하여 보는 것입니다. 보고자 하는 물체에 전자를 발사하여 그 물체의 모양에 따라 전자가 발생하거나 투과하는 정도를 이용하여 보는 것입니다. 전자 현미경에는 2종류가 있답니다. 하나는 겉모습을 보는 것이고, 또 하나는 속을 보는 것입니다.

다음 그림을 보세요. 하나의 둥그런 세포가 있다고 해요. 이 세포 위에 전자를 쏘면 세포에서 다시 전자가 튀어나와요. 이렇게 튀어나온 전자를 2차 전자라고 하는데, 2차 전자는 표면의 굴곡에 따라 나오는 정도가 달라져요. 이 전자를 받아서 영상으로 나타내면 표면을 보는 전자 현미경이 되죠.

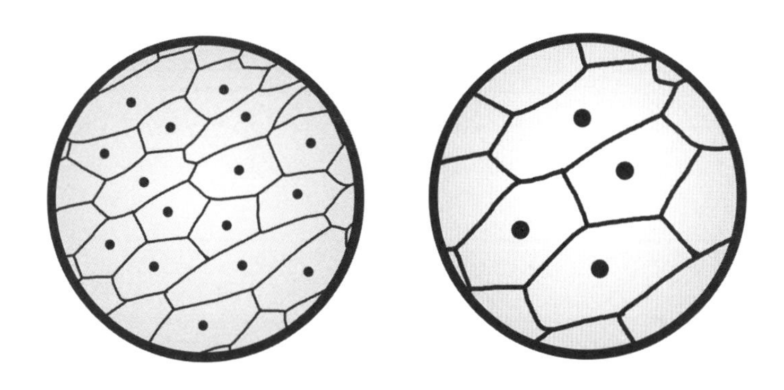

이렇게 표면을 보는 현미경을 주사 전자 현미경(SEM)이라고 불러요. 주사 전자 현미경은 비교적 표본을 만들기가 쉽기 때문에 현재 한국에는 과학 고등학교에도 설치되어 있답니다.

다음 페이지의 사진은 사람의 위 표면을 주사 전자 현미경으로 찍은 것이죠. 1,500배로 본 것입니다. 그림에서 둥그렇게 보이는 것 하나하나가 세포입니다. 주변에 계곡처럼 들어간 곳에서 위액이 나오지요. 혹시 여러분은 위에서 염산이 나온다는

위 내벽(주사 전자 현미경 1,500배)

소리를 들어본 적이 있나요? 바로 염산과 같은 물질이 나온답니다.

다음으로 세포의 내부를 보는 전자 현미경, 일명 투과 전자 현미경(TEM)에 대해 알아봅시다. 투과 전자 현미경은 조직이나 세포를 얇게 잘라요. 전자가 투과될 수 있게 말이죠. 얇게 잘라서 전자를 투과시키면 각 부분의 구조 차이에 따라 전자가 투과되는 정도가 다르게 됩니다. 바로 이러한 차이를 영상으로 나타내는 것을 투과 전자 현미경이라고 해요.

주로 세포 내부나 병원에서 암인지 아닌지를 판별하는 조직 검사에 많이 이용하지요. 투과 전자 현미경은 표본을 얇게 잘라야 하기 때문에 여간 숙련된 사람이 아니면 표본을 만들 수 없지요. 그래서 전문적으로 전자 현미경을 다루는 병원이나 연구소에 많이 장치되어 있답니다.

여기서 여러분은 전자 현미경은 눈으로 직접 들여다보는 것이 아니라는 사실을 눈치챘지요. 그래요, 전자 현미경은 눈으로 직접 보는 것이 아니라 TV를 보듯 영상이 나타나는 스크린을 보는 거랍니다. TV와의 차이점은 전자 현미경의

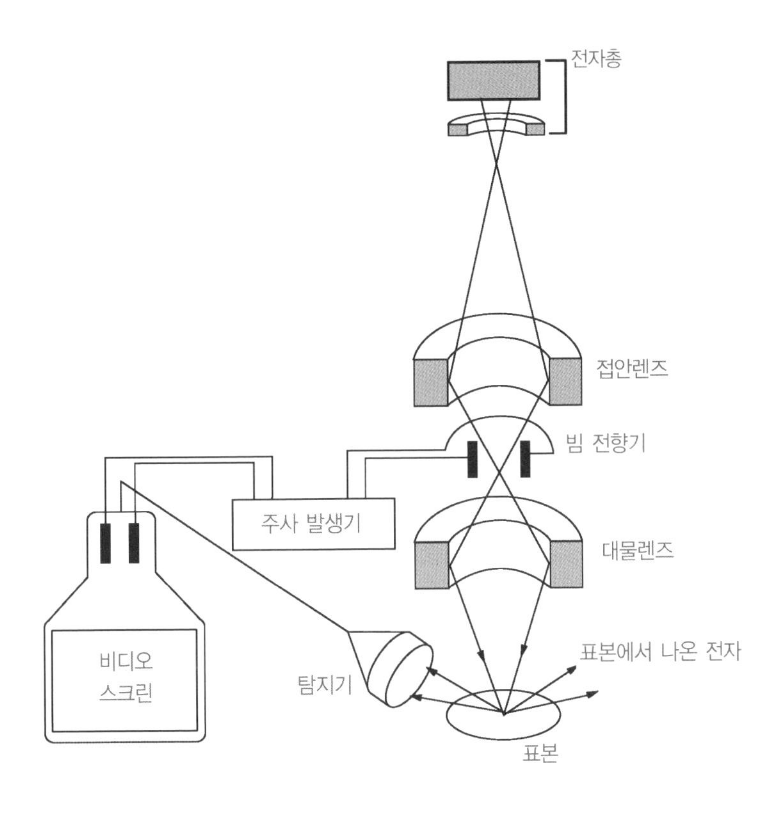

영상은 컬러가 없다는 것이죠. 가끔 1만 배 이상의 색깔이 있는 사진을 본 적이 있을 거예요. 그것은 인위적으로 색을 입힌 거랍니다.

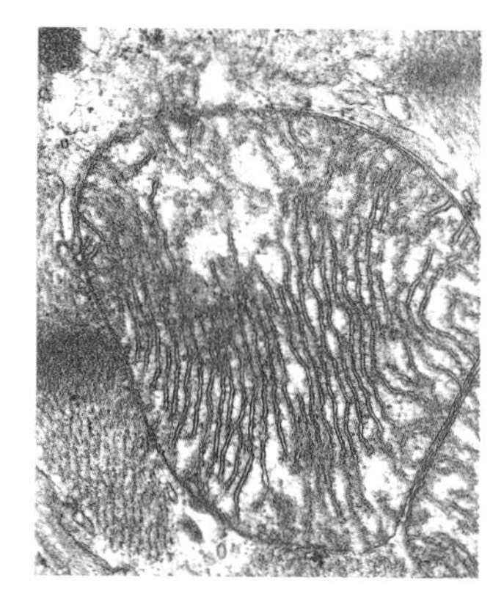

미토콘드리아(투과 전자 현미경 10,000배)

광학 현미경이 발명된 이래 전자 현미경까지 현미경도 많이 발달했지요. 그 덕분에 오늘날에는 세포의 내부에 있는 조그만 기관, 예를 들어 엽록체나 미토콘드리아 등을 관찰하게 되었답니다. 그래서 그 기관들이 무엇을 하는지 연구하게 되었고, 세포의 놀라운 세계가 점점 알려지게 되었답니다.

만화로 본문 읽기

선생님, 이제 세포가 보여요.
훅 선생님! 현미경을 발견하시다니 대단해요.

우리가 세포의 모습에 대해 알게 된 역사는 현미경의 역사와 같답니다.
현미경을 발견해서 처음 본 세포가 뭔가요?

내가 본 세포는 코르크 조각에 있는 것이었는데, 세포의 내용물은 없어지고 식물 세포의 세포벽만 남아 있는 것을 본 것이었지요.
나는 현미경으로 관찰한 이 작은 방들을 '셀(cell, 세포)'이라고 불렀어요.

셀은 무슨 뜻인가요?
셀은 '작은 방'이라는 의미가 있답니다. 한국말로는 '세포(細胞)'라고 하는데, 이는 '작은 주머니'라는 의미예요.
아~

근데 선생님이 만든 현미경은 어떤 원리인가요?
아주 간단하답니다. 돋보기 2개로 물체를 본다고 생각하면 돼요. 하나의 돋보기로 확대한 것을 다른 돋보기로 더 확대해서 보는 거지요.

현미경에는 두 개의 렌즈가 있는데 아래쪽의 렌즈는 물체를 대면하고 있다 하여 대물렌즈라고 하고, 눈에 가까운 렌즈는 접안렌즈라고 하지요.
아, 접안렌즈는 눈에 접하고 있는 렌즈라는 의미이군요.

세 번째 수업 3

세포는 **종류가** 참 **많아요**

세포의 종류와 기능에 대해 알아봅시다.

3

세 번째 수업

세포는 종류가 참 많아요

교.
과.
연.
계.

중등 과학 1 — 6. 생물의 구성
고등 생물 II — 1. 세포의 특성

훅 박사가 칠판에 집과 사람을 나란히 그려 놓고 세 번째 수업을 시작했다.

사람의 몸에는 약 60조 개의 세포가 있다고 해요. 그리고 그 세포들은 벽돌이 집을 이루듯이 우리 몸을 이룬답니다.

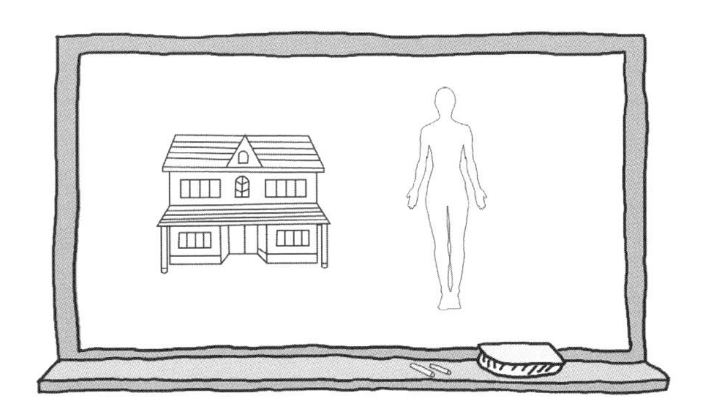

그러나 세포는 단순한 벽돌 기능만 하는 것이 아니랍니다. 세포마다 자기가 하는 일이 있고, 서로서로 협력하여 우리 몸의 기능을 나타낸답니다.

우리가 살아가는 것은 세포 하나하나가 일을 하기 때문이고, 세포가 서로 조화롭게 일을 할 수 있도록 조절하는 능력이 우리 몸에 있기 때문입니다. 세포는 기능에 따라 모양이 각양각색이랍니다. 이번 시간에는 우리 몸에는 어떤 세포들이 있는지 알아보도록 해요.

세포의 모습과 기능은 다양하다

세포는 종류가 참 여러 가지랍니다. 우리 몸에서 일어나는 일이 얼마나 다양한지를 생각한다면 세포의 종류가 여러 가지일 수밖에 없다는 것을 쉽게 알 수 있을 것입니다. 우리 몸에서 일어나는 모든 일은 결국 세포가 하는 일이기 때문입니다. 연락을 전문으로 하는 세포, 물질 흡수를 전문으로 하는 세포, 움직임을 담당하는 세포, 창고 기능을 하는 세포, 외부에서 침입한 적으로부터 몸을 보호하는 세포 등 마치 공장에서 분업이 이뤄지듯 우리 몸의 세포는 각자 맡은 바 일을 하

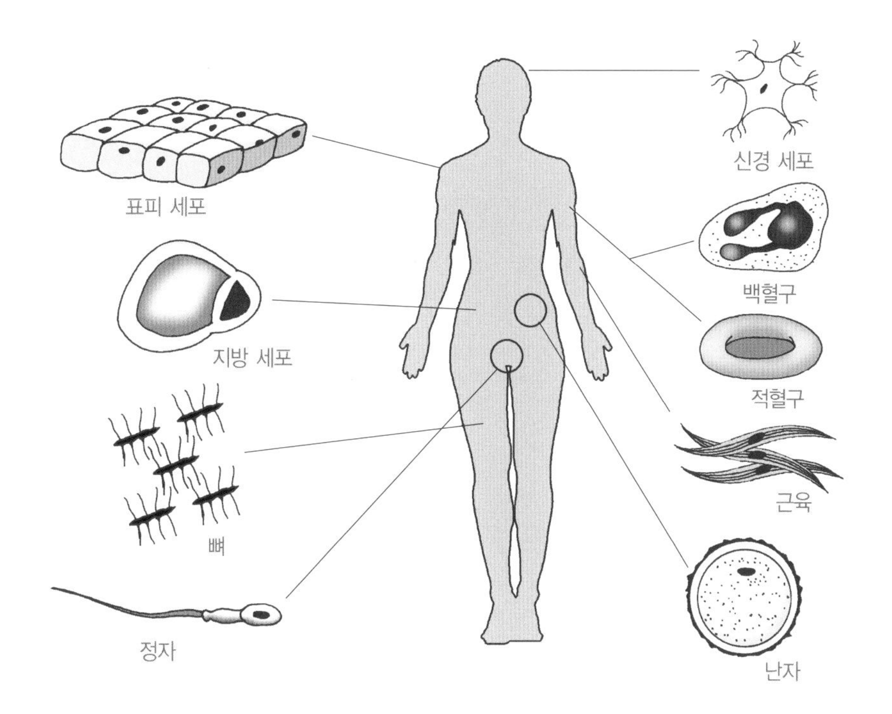

고 있답니다.

세포가 여러 가지라는 말은 모양이 여러 가지일 뿐만 아니라 하는 일도 다양하다는 것을 의미합니다. 그리고 세포의 모양은 대개 그것이 전문적으로 하는 일과 관련이 깊답니다.

신경과 근육도 세포의 일종이다

우리 몸에는 신경 세포가 있습니다. 뉴런이라고도 하지요. 이 세포들은 아주 기다란 모습을 하고 있답니다. 언뜻 보면 세포 같지 않지만 엄연한 세포입니다. 농구 선수와 같이 키가 큰 사람의 뉴런은 1m가 넘는 것도 있습니다. 발끝에서 척수까지 한 번에 이어질 수 있으니까요.

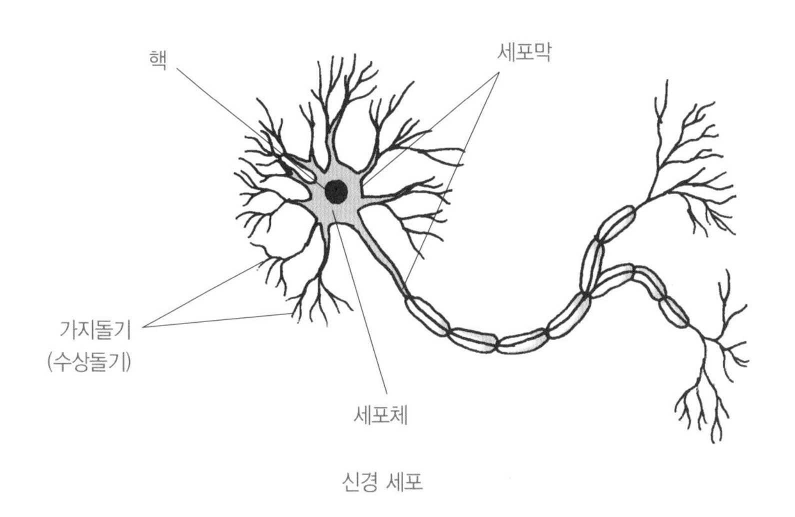

신경 세포

신경 세포는 우리 몸에서 전화선과 같은 기능을 합니다. 우리 몸에 물체가 닿으면 뇌에서 바로 알 수 있는 이유도 신경 세포 덕분입니다. 또, 발가락을 움직이겠다고 마음을 먹으면 바로 발가락을 움직일 수 있는 이유도 신경 세포 때문이고요. 한 번 해 보세요. 발가락이 움직이나요? 신기한 생각이 들지 않나요? 전화선 기능을 하는 신경 세포는 엄마 뱃속에서 아이가 생겨날 때 아이의 온몸에 전화선처럼 연결된답니다.

한편 신경 세포는 발가락이 움직이라는 명령을 전달하지만, 발가락이 움직일 수 있는 것은 바로 발가락에 있는 근육 세포 때문입니다. 근육 세포는 특이하게도 늘어났다 줄었다 할 수 있는 세포입니다. 세포 속에 신축성이 있는 단백질 섬유가 많이 들어 있기 때문입니다. 근육 세포는 여러 개의 세포가 합해져서 이뤄진 세포랍니다.

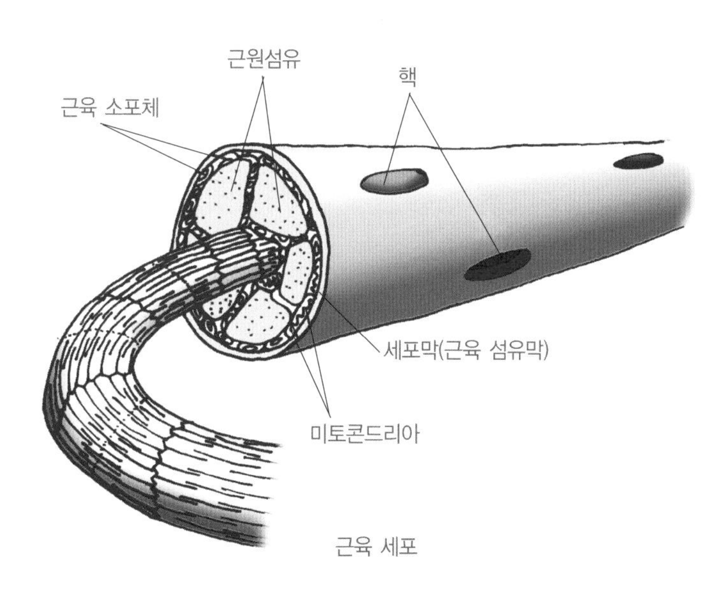

근육 세포

세포는 방어와 흡수도 담당한다

우리 몸에는 몸을 병원체로부터 보호해 주는 세포가 있답니다. 병균을 잡아먹는 백혈구가 대표적인 예이지요. 아메바라는 하나의 세포로 된 생물이 있는데, 이 생물은 몸이 늘어나면서 이동을 하지요. 백혈구도 마치 아메바처럼 세포가 늘어나 이동을 한답니다. 그래서 혈관에만 있는 것이 아니라 우리 몸 어디든지 갈 수 있지요.

암세포를 죽이는 세포도 있습니다. 백혈구의 일종으로 NK 세포라고도 하는데, 한국말로는 자연 살해 세포라고 합니다. 암세포를 죽이는 것을 전문으로 하는 세포라고 할 수 있지

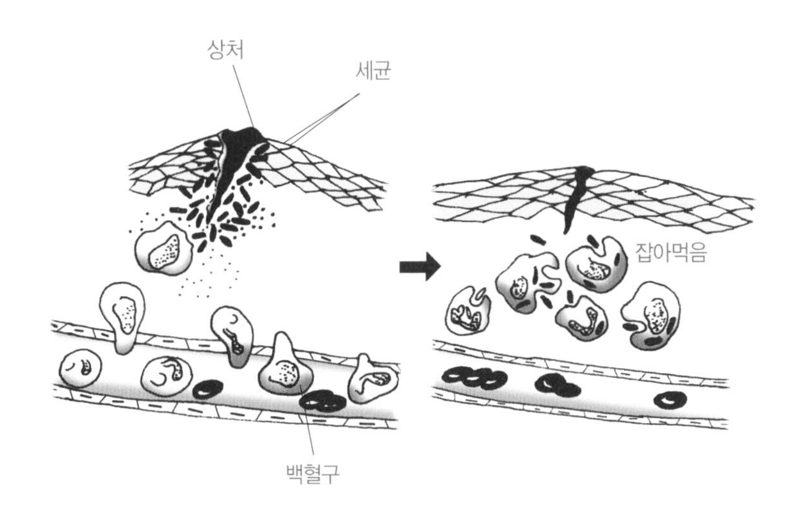

요. 자연 살해 세포가 잘 활동해야 암에 걸리지 않고 오래 살 수 있답니다. 나이를 먹어서 노인이 되면 암이 많이 생기는 까닭은 NK 세포가 적게 생기기 때문이기도 하답니다.

여러분은 소장에 융털이 있다는 말을 들어보았나요. 소화된 영양소를 흡수하고 표면적을 넓히기 위해서 융털이 있는 것입니다. 그런데 융털의 껍질을 이루는 세포에 또 융털 같은 돌기가 있답니다. 이것을 미세 융털이라고 합니다.

그래서 표면적이 더욱 넓어지기도 하거니와, 미세 융털 사이로 소화된 영양소가 들어가 세균의 약탈로부터 영양소를 보호하기도 하는 것입니다. 세포에 조그만 돌기가 많이 나 있는 경우를 폐로 연결되는 기관지에서도 볼 수 있습니다.

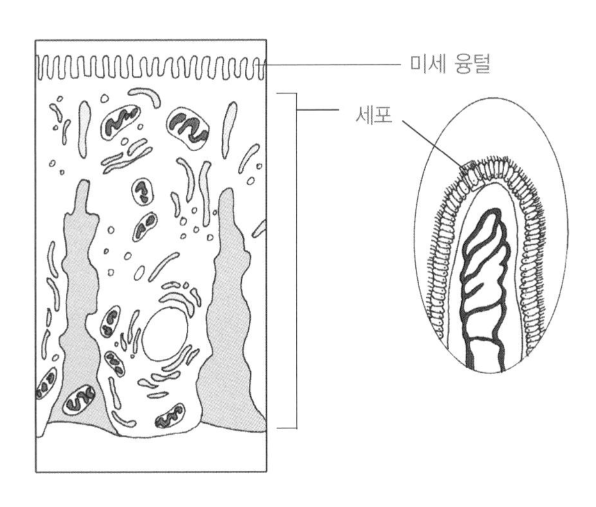

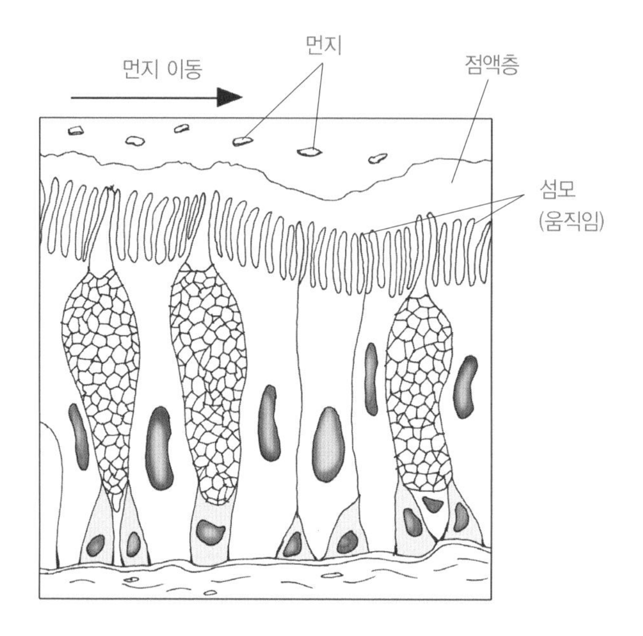

기관지 세포에 나 있는 돌기는 폐의 불순물을 외부로 내보내는 운동을 하는 특징이 있답니다. 담배를 피우면 이 돌기들이 운동을 제대로 하지 못합니다. 그러면 폐가 쉽게 더러워지겠지요?

흡수를 전문으로 하는 세포가 있는가 하면, 방출을 전문으로 하는 세포도 있답니다. 작은창자나 큰창자에는 점액질을 분비하는 세포가 있답니다. 점액질이란 끈기가 있는 물질이라는 뜻인데, 이 물질이 소화관 내벽을 보호해 주는 기능을 한답니다. 이 물질을 분비하는 세포는 모양이 술잔과 같다 하여 술잔 세포 또는 배상 세포라고 합니다. 여기서 술잔이란 포도주를 먹는 술잔을 의미입니다.

아래 그림에서 점액은 잔에 담긴 술과 같아 보이지요. 점액은 계속 생기기 때문에 마치 술잔에 술이 넘치듯 점액이 넘쳐 나서 소화관 안으로 나오는 것이랍니다.

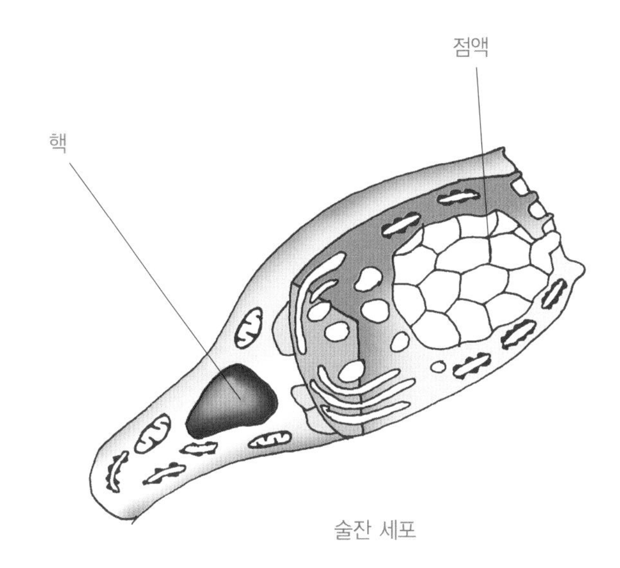

술잔 세포

비만은 지방 세포에 지방이 저장되어 생긴다

이번에는 지방 세포를 이야기해 봅시다. 지방 세포는 이름 그대로 지방을 저장하는 세포랍니다. 지방 세포는 피부 아래나 소화관 주변에 많이 있습니다. 옆집 아저씨의 배가 나왔나요? 그 부분의 지방 세포들에 지방이 꽉 차서 배가 나오는 것이랍니다. 섭취하는 에너지보다 소비하는 에너지가 적을 경우 지방 세포에 지방이 저장됩니다. 지방이 계속하여 쌓일 경우 비만이 되는 것이지요.

어릴 때부터 비만인 사람은 지방 세포가 많답니다. 지방 세포는 지방을 채우는 일을 전문으로 하기 때문에 이 세포가 많은 사람은 그만큼 비만이 되기 쉽겠지요. 그래서 어려서부터 비만인 사람은 체중을 줄이는 데 더 어려움을 겪게 되는 것입니다.

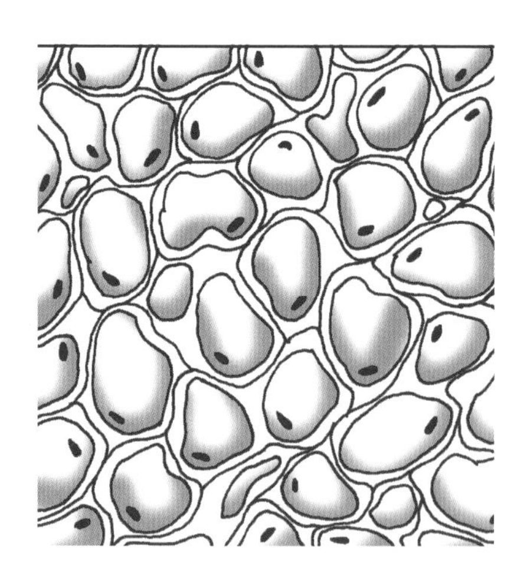

지방 세포에 지방이 쌓이지 않게 하려면 어떻게 해야 할까요? 적게 먹고 많이 움직이는 수밖에 다른 방법이 없습니다. 움직이려면 에너지가 필요한데, 에너지를 충당하기 위해 지방 세포에 저장되어 있는 지방을 분해하여 에너지를 얻기 때문입니다.

자극을 받아들이는 세포도 있다

이제 외부의 자극을 받아들이는 것을 전문으로 하는 세포에 대해 이야기하도록 하지요. 우리 눈의 망막에는 빛을 받아들이는 세포들이 있습니다. 원뿔과 같은 모양을 한 추상체(원뿔 세포)와 막대기 모양의 간상체(간상 세포)가 그것입니다. 추상체와 간상체는 빛을 받아들이는 일을 전문으로 하는 세포입니다. 이들 세포가 빛을 받아들이는 일을 전문으로 할 수 있는 이유는 이들 세포에는 빛에 민감하게 반응하는 물질이 들어 있기 때문이랍니다.

추상체는 색깔 있는 빛을 받아들이는 세포입니다. 영어로는 콘(cone)이라고 하지요. 혹시 아이스크림의 이름에 콘이 붙은 것을 기억하나요? 콘이란 원뿔을 뜻하는 말입니다. 추상체가 고장 나면 색맹이 됩니다. 같은 색을 보더라도 정상인과는 다르게 색을 보게 되지요.

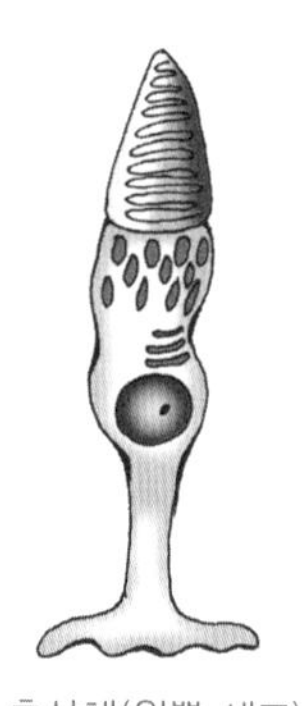

추상체(원뿔 세포)

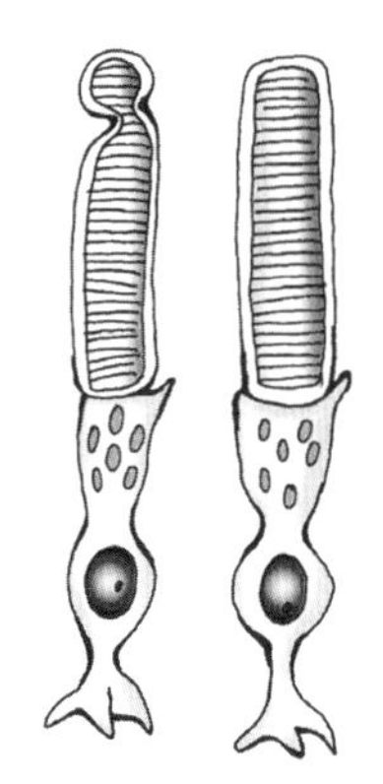

간상체(간상 세포)

추상체와 간상체는 사람이나 원숭이에게는 있으나, 개나 소에게는 없습니다. 그래서 개나 소에게는 세상이 흑백으로 보이게 된답니다. 컬러 TV를 보더라도 흑백으로 보인다니 참 딱한 노릇이지요.

지금까지 몇 가지 세포에 대해 이야기했습니다. 우리 몸에는 다양한 모양의 세포가 있으며, 기능 또한 여러 가지라는 점을 알았을 것입니다. 각각 다른 기능을 가진 세포들이 조화롭게 일을 함으로써 우리가 살아갈 수 있는 거랍니다. 더 중요한 세포나 덜 중요한 세포가 따로 있을 리 없습니다. 모두 다 없어서는 안 될 세포들이지요. 다만 서로 다를 뿐이랍니다. 우리 모두가 서로 다르듯이.

만화로 본문 읽기

건물 하나를 짓는 데 이렇게 많은 사람들이 필요한 거군요.
그래요. 우리 몸의 여러 세포처럼 많은 사람들이 각자 자기 일들을 하고 있네요.

우리 몸의 세포들도 저렇게 각자 자기 일을 하나요?
건물을 하나 짓기 위해서는 많은 건축자재와 일하는 사람들이 있어야 하듯, 우리 몸의 세포들도 서로서로 협력하여 몸의 기능을 유지하는 거죠.

그럼 세포들은 다 같은 일을 하나요?
아니에요. 연락을 전문으로 하는 세포, 물질 흡수를 전문으로 하는 세포, 움직임을 담당하는 세포, 외부의 적으로부터 몸을 보호하는 세포 등 각각 다양한 일을 한답니다.
굉장히 다양하네요.
세포가 여러 가지라는 말은 모양뿐 아니라 하는 일도 다양하다는 뜻이랍니다. 그리고 세포의 모양은 대개 그것이 전문적으로 하는 일과 관련이 깊답니다.

예를 들어, 신경 세포는 우리 몸에서 전화선과 같은 기능을 합니다. 우리 몸에 물체가 닿으면 뇌에서 바로 알 수 있는 것은 신경 세포 덕분입니다. 발가락을 움직일 수 있는 것도 신경 세포 덕분이고요.

그럼 저분은 신경 세포와 같은 분이네요.
그렇다고 볼 수도 있겠네요.

네 번째 수업 4

세포는 모두 **3가지**를 **갖고** 있어요

세포의 구조에 대해 알아봅시다.

4

네 번째 수업

세포는 모두 3가지를 갖고 있어요

교. 과. 연. 계.

중등 과학 1 — 6. 생물의 구성
고등 생물 II — 1. 세포의 특성

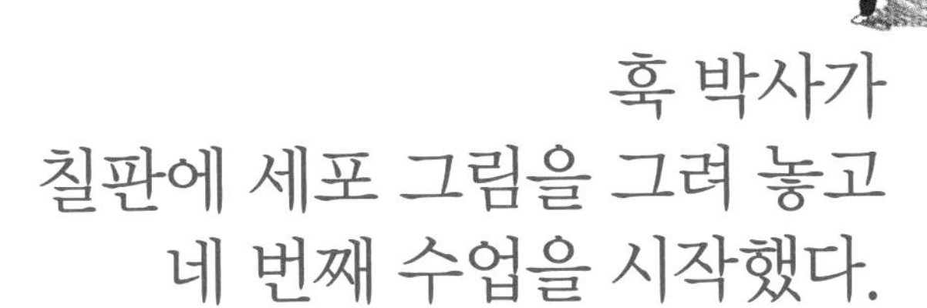

훅 박사가
칠판에 세포 그림을 그려 놓고
네 번째 수업을 시작했다.

지난 시간에는 우리 몸의 세포가 여러 가지라는 점을 이야기 했지요. 그런데 이러한 세포들은 자세히 보면 모두 오른쪽 그림과 같이 핵, 세포질, 세포막의 세 부분으로 이루어져 있답니다.

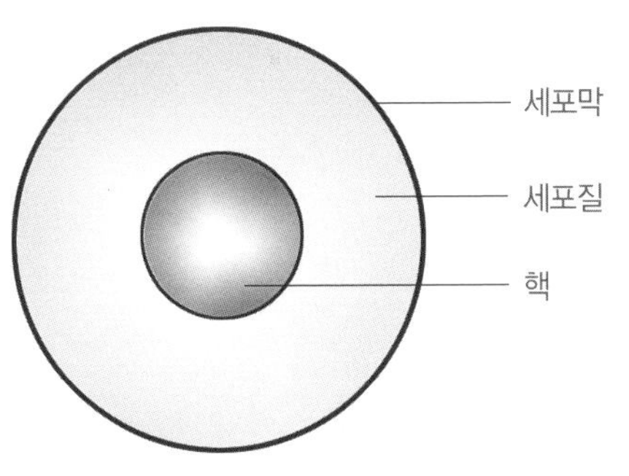

신경과 근육에도 세포막과 핵이 있다

모양이 좀 특이한 신경 세포와 근육 세포를 예로 들어 설명해 보지요.

먼저 신경 세포의 구조부터 보기로 하지요. 신경 세포는 어떤 것은 1m가 넘는다고 했었지요. 마치 조그만 머리가 달린 긴 전깃줄과 같아요.

핵은 별 모양의 머리에 있습니다. 그리고 기다란 부분(축삭 돌기)은 막으로 둘러싸인 긴 막대기와 같지요. 그러므로 신경 세포가 가지는 세포질은 대단히 긴 통로와 같으며, 세포질로 둘러싸고 있는 막 또한 매우 긴 것을 알 수 있답니다.

이번에는 팔다리에 있는 근육 세포를 예로 들지요. 팔다리

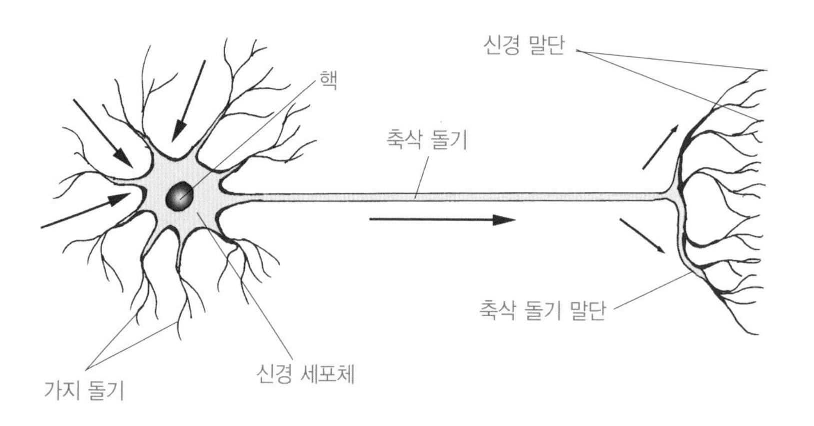

를 이루는 근육 세포를 근섬유라고 부르기도 하는데, 이는 근육 세포가 섬유의 실 같은 모양을 하고 있기 때문이지요.

다음 그림을 보세요.

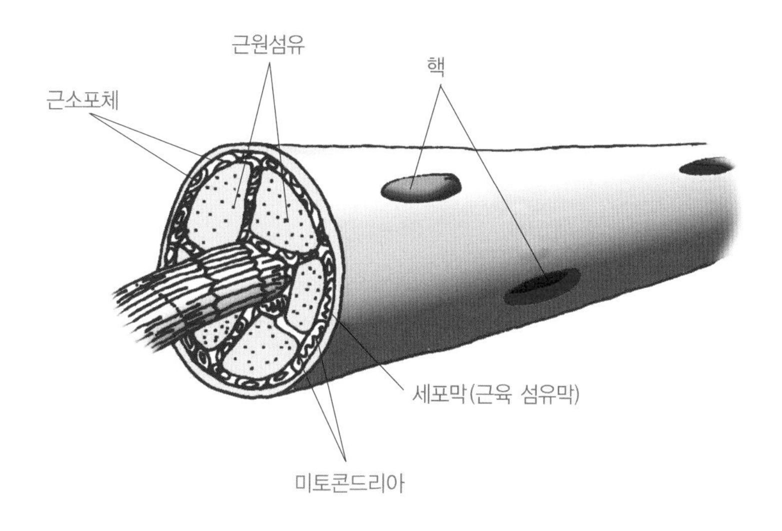

핵이 여러 개 보이지요. 팔다리의 근육을 이루는 세포는 여러 개가 합해져서 이뤄지기 때문에 여러 개의 핵이 있고, 세포질에 수축과 이완을 하는 단백질이 있는 거랍니다. 그리고 외부는 세포막으로 둘러싸여 있답니다.

이렇듯 세포는 공통적으로 핵, 세포질, 세포막의 세 부분으로 이루어졌다는 점을 알 수 있습니다.

핵은 세포질의 활동을 지휘한다

그럼 핵이 무엇인지 알아볼까요?

핵은 구멍이 나 있는 막으로 둘러싸여 있으며, 공 모양으로 생겼지요. 여러분은 이미 유전자나 DNA라는 말을 들어 보았을 것입니다. 세포의 핵 속에는 세포의 활동을 지시하는 정보가 들어 있답니다.

사람의 경우 3만여 개의 유전 정보(유전자)를 가지는데, 이것이 핵 속에 들어 있습니다. 분열하지 않는 세포의 경우 이 정보는 핵 밖으로 나오는 법이 없답니다. 마치 3만 권의 책을 가진 도서관이 있는데, 책을 외부로 빌려 주지는 않는 것과 같지요.

그러면 세포는 어떻게 그 정보를 알아내어 일을 할까요? 그것은 우리가 도서관에서 필요한 부분의 책을 복사하듯이, 세포도 자신이 해야 할 일이 적혀 있는 정보를 핵에서 복사하여 핵에 난 구멍으로 가지고 나오는 것입니다. 그러므로 핵은 정보를 보관하는 도서관에 비유할 수 있는 거랍니다. 이 정보는 DNA라는 물질에 입력되어 있다는 것을 아마 여러분은 이미 알고 있을 겁니다. 그런데 이 DNA는 실 모양으로 생겼기 때문에 끊어지기 쉬우므로 단백질을 감고 있지요. 이렇게 DNA가 단백질을 감고 있는 것을 염색사라고 부른답니다. 기억해 두세요.

핵에는 유전 정보가 들어 있다.

핵의 정보에 따라 일을 하는 것은 세포질입니다. 어떤 이는 세포를 공장에 비유하기도 해요. 제품의 설계도는 핵에 들어 있고, 그 설계도에 따라 제품을 만드는 것은 세포질이라고요. 적절한 비유라고 생각합니다.

그러므로 세포질에는 제품을 만드는 기계가 있을 것이고, 기계를 돌리기 위한 발전소가 있을 것입니다. 그리고 제품을 보관하는 창고도 있고, 쓰레기를 처리하는 쓰레기 처리장도 있는 것입니다.

이러한 일들은 세포질 안에 있는 여러 기관에서 나눠서 하게 됩니다. 이러한 기관은 광학 현미경으로는 보이지 않지만

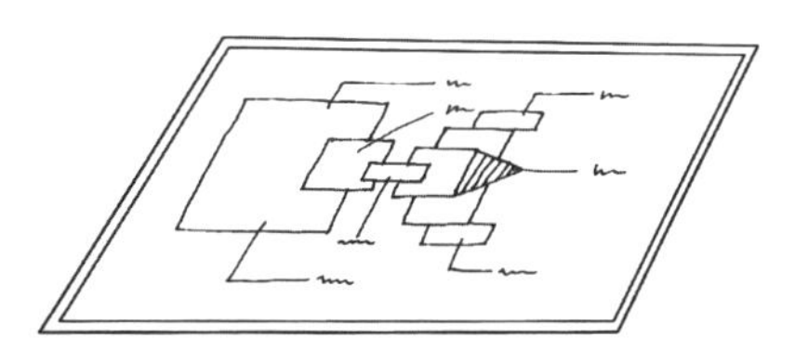

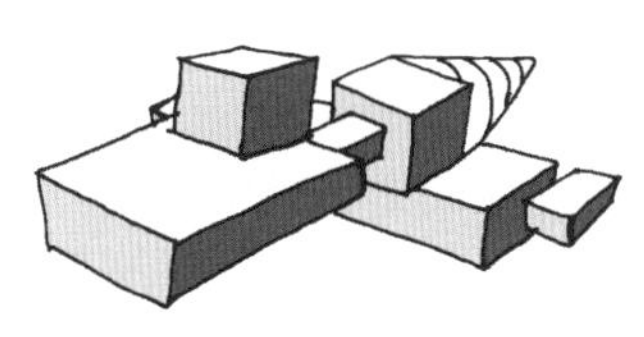

전자 현미경으로는 보인답니다. 자, 기억해 두세요.

세포질은 세포의 제품을 생산하는 곳이다.

세포막은 다양한 기능을 가진다

이제 세포막을 이야기할 차례가 되었습니다. "세포막을 이해하면 세포를 이해할 수 있다."라는 말이 있어요. 그만큼 세포막이 하는 일이 많고, 또 복잡하답니다. 세포막은 단순한 울타리만이 아니라는 거지요.

세포막은 울타리이긴 해요. 세포와 외부를 구분하는 울타리이지요. 울타리는 무슨 일을 하지요? 안과 밖을 구분하는 거지요. 그래서 안과 밖에서 일어나는 일이 다르게 되지요. 학교를 생각해 봐요. 울타리가 있지요? 그리고 울타리를 사이에 두고 밖과 안에서 일어나는 일이 참 다르지요. 세포도 마찬가지랍니다. 이러한 울타리는 핵과 세포질 사이에도 있어요. 핵과 세포질에서 일어나는 일이 다른 거랍니다.

그러면 세포막은 단순한 울타리가 아니라는 말을 했는데, 도대체 무슨 일을 할까요?

우선 세포막에는 외부의 신호을 받아들이는 장치가 있답니다. 외부에서 연락이 오면 이를 받아들이는 장치이지요. 이러한 신호는 신경과 호르몬을 통해 오는데, 막에 있는 장치가 이러한 신호를 받아들인답니다. 그리고 신호 물질 가운데 작은 것은 세포막을 그대로 통과하기도 합니다.

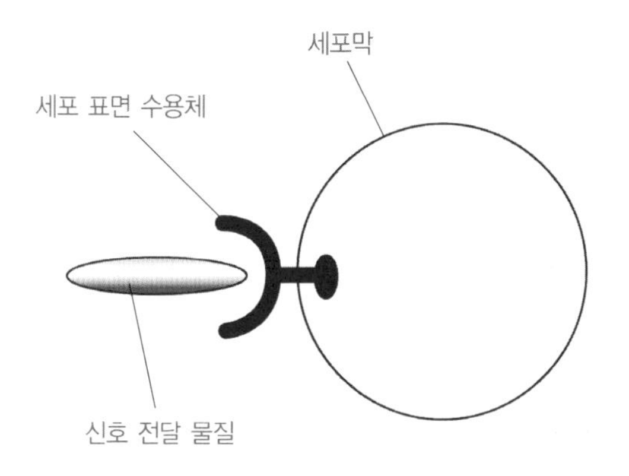

또 막에는 외부 물질을 받아들이는 문이 있답니다. 쥐는 학교 울타리를 통과하지만 사람은 통과하지 못하지요? 그래서 사람은 교문으로 다니게 됩니다. 세포막도 몸집이 큰 물질은 세포막에 있는 문으로 들어오게 됩니다.

이러한 문 중에는 세포 자신이 필요로 하는 물질을 강제로 잡아들이는 펌프와 같은 기능을 하는 문도 있지요. 막에 있는 문으로는 세포가 밖으로 내보내려는 물질이 나가기도 한

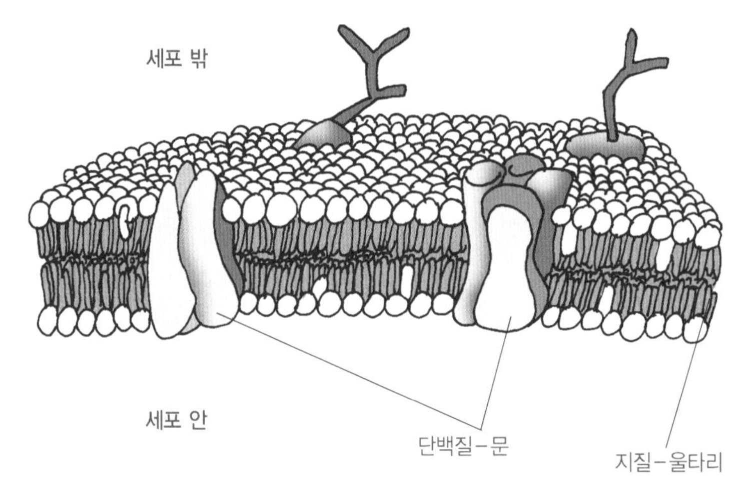

답니다. 그러므로 세포막에 있는 문으로는 물질이 들어오기도 하고 나가기도 하는 거지요. 이러한 문의 재료는 단백질이랍니다. 그리고 울타리의 재료는 바로 지질입니다. 우리가 먹는 기름과 비슷한 성분이지요.

또 세포막에는 자신만이 갖는 독특한 표시가 있지요. 이 표시는 사람마다 달라서 자신과 다른 사람의 세포를 구분하게 하는 중요한 수단이 된답니다. 신장이 고장이 나서 다른 사람의 신장을 이식받을 경우 거부 반응이 일어나

자신만의 표시

는 경우가 있어요. 자신의 세포가 아닌 세포가 몸 안에 들어오면 이를 알아차려서 공격하기 때문이지요.

또 세포막은 움직이는 특징이 있어요. 자신이 필요로 하는 물질을 오른쪽과 같이 세포막이 움직여서 받아들이는 경우도 있지요. 그 물질이 너무 커서 울타리나 문으로 통과하지 못할 때 흔히 사용하는 방법이지요.

이렇듯 세포막은 여러 기능을 가지고 있어요. 자, 한 번 따라해 볼까요?

세포막은 단순한 울타리가 아니다.

만화로 본문 읽기

선생님! 세포가 보여요.
잘 관찰해 보면 세포는 핵, 세포질, 세포막 세 부분으로 이루어졌다는 것을 알 수 있답니다.

대충 이렇게 생긴 것 같아요.
잘 관찰했네요.

선생님, 근데 모양이 특이한 세포도 핵, 세포질, 세포막이 있나요?
물론이지요.

특이한 모양의 신경 세포를 볼까요. 어떤 신경 세포는 1m가 넘는다고 했었지요. 마치 머리가 달린 긴 전깃줄과 같아요.

자, 신경 세포의 핵은 어디 있을까요?
별 모양의 머리 쪽에 있지 않나요?

맞아요. 별 모양의 머리에 있답니다. 그리고 기다란 부분(축삭 돌기)은 막으로 둘러싸인 긴 막대와 같지요. 그러므로 신경 세포가 가지는 세포질은 대단히 긴 통로와 같으며, 세포질로 둘러싸고 있는 막 또한 매우 긴 것을 알 수 있답니다.
아~

다 섯 번 째 수 업

5

하나로도 살 수 있어요

세포가 하나인 생물에 대해 알아봅시다.

5

다섯 번째 수업

하나로도 살 수 있어요

교.과.연.계.		
	중등 과학 1	6. 생물의 구성
	고등 생물 II	1. 세포의 특성

훅 박사가 연못 물이 들어 있는
비커를 탁자 위에 놓고
다섯 번째 수업을 시작했다.

이번 시간에는 작은 생물에 대해 이야기를 하기로 해요. 우리 눈에 이 비커에는 물 이외에 아무것도 보이지 않지만, 작은 생물이 많이 들어 있답니다. 이 생물들은 몸이 하나의 세포로 되어 있지요. 우리가 흔히 말하는 세균과 짚신벌레, 유글레나 등이 바로 이러한 생물입니다.

여기서 잠깐 생물을 어떻게 나누는지 설명하고 가지요. 자연에는 수많은 종류의 생물이 살아요. 그런데 생물들을 크게

나누면 다섯 모둠이 되지요.

첫째 모둠 – 대장균, 폐렴균 등이 속함.

둘째 모둠 – 짚신벌레, 유글레나, 미역, 파래 등이 속함.

셋째 모둠 – 곰팡이, 버섯이 속함.

넷째 모둠 – 이끼, 고사리, 배추가 속함.

다섯째 모둠 – 플라나리아, 지렁이, 가재, 사람 등이 속함.

여러분, 답해 보세요. 우리가 흔히 말하는 식물은 넷째 모둠이고, 동물은 다섯째 모둠이지요. 미역이 식물일까요? 아닙니다. 둘째 모둠에 속하지요.

세균은 핵이 없다

자, 그러면 우리의 이야기로 돌아가도록 해요. 하나의 세포로 살아가는 생물들은 어느 모둠에 속하느냐면 첫째 모둠과 둘째 모둠에 속한답니다.

먼저, 첫째 모둠에 있는 생물들부터 이야기해 보지요. 흔히 세균(박테리아)이라고 하는 부류입니다. 세균은 짚신벌레와 마찬가지로 하나의 세포로 되어 있는데, 세균이 짚신벌레와 다른 점은 핵이 없다는 것입니다. 핵이 없다 하여 DNA가 없는 것은 아니고, 세포질과 핵의 구분이 없는 것이지요.

세균은 하나의 세포이기 때문에 참 단순한 삶을 살지요. 팔다리가 없으니 자유롭게 다니거나 무엇을 만질 수도 없고, 눈과 귀가 없으니 소리를 듣거나 볼 수도 없고, 또 뇌가 없으니 생각을 할 수도 없지요. 참 재미없는 삶일 거란 생각이 들지요. 하지만 그것은 우리 인간의 생각일 뿐, 세균은 그렇지 않을지도 모른답니다. 스스로 즐거운 생활을 하고 있을지 모르는 겁니다.

지구상에서의 성공을 개체 수로만 따진다면 세균이 가장 성공한 생물이랍니다. 한 사람의 소화관에 살고 있는 세균만

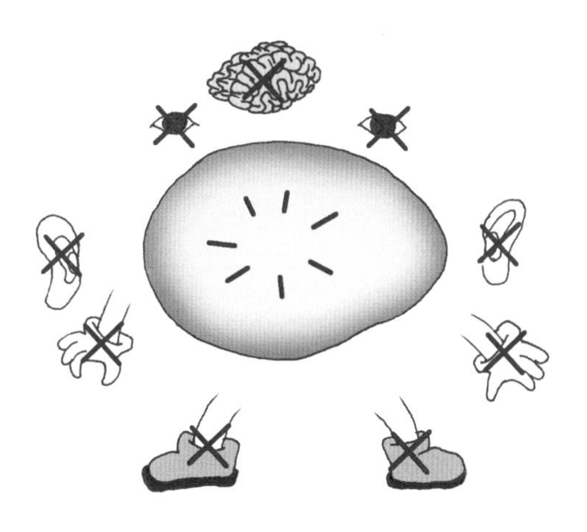

따져도 지금까지 지구상에 살았던 사람의 수보다 많다고 합니다. 하나의 세포로 되어 있어서 번식이 빠르기 때문입니다.

대장균의 경우 20분이 지나면 1마리가 2마리로 분열합니다. 1마리의 대장균이 있다고 합시다. 20분이면 2마리, 40분이면 4마리, 60분이면 8마리가 됩니다. 24시간이 지나면 272마리가 됩니다.

지구상에서 세균이 없는 곳이 있을까요? 거의 없다고 보면 됩니다. 가장 추운 곳에서부터 가장 더운 곳까지, 가장 산성인 곳에서부터 가장 염기성인 곳까지, 산소가 풍부한 곳에서부터 산소가 없는 곳까지 세균이 없는 곳이 없습니다. 세균은 사람이 살 수 있는 영역과는 비교가 되지 않게 넓은 곳에 삽니다.

뜨거운 유황 온천물에 사는 세균, 해저의 불타는 화산 입구에 사는 세균, 사해와 같이 아주 짠물에서 사는 세균, 깊은 땅속에 사는 세균 등 생존 능력에서 어찌 사람을 세균과 비교할 수 있겠습니까? 그러한 능력이 있는 것은 바로 단순한 몸을 가졌기 때문입니다. 사람처럼 복잡한 기관과 따뜻한 체온을 가진 생물은 세균처럼 놀라운 적응력을 가지기 어렵답니다. 그러므로 세균을 아주 원시적인 생물이라고 놀릴 수만도 없는 것이지요.

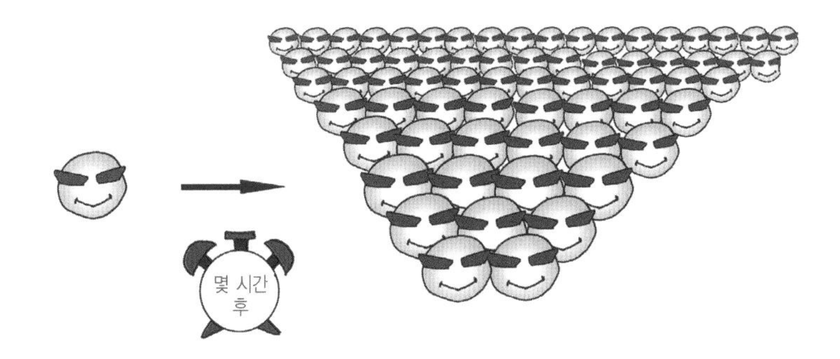

이렇게 넓은 범위에서 살면서 세균은 자연의 물질대사에 중요한 기능을 한답니다. 이산화탄소를 순환시키고, 질소를 순환시키며, 심지어는 동물의 장에서 영양소를 분해시켜 주기도 합니다.

우리는 흔히 세균 하면 모두 무찔러야 하는 것으로 알고 있지만 사실은 그렇지 않답니다. 우리 몸에 해를 주는 병원체로 분류되는 세균은 극히 일부이지요. 우리 몸의 병원체가 되려면 다음과 같은 능력이 있어야 된답니다.

우리 몸에 침입할 수 있어야 한다.

우리 몸의 방어 능력을 피해야 한다.

우리 몸에서 번식할 수 있어야 한다.

다른 사람의 몸도 감염시킬 수 있어야 한다.

대부분의 세균은 자연에게, 혹은 우리에게 이익을 줍니다. 서양에서 먹는 치즈나 한국에서 맛있게 먹는 김치도 세균 때문에 얻어지는 음식이지요. 흔히 발효 식품이라고 하는 음식입니다.

아메바, 짚신벌레 등은 핵이 있다

자, 이제 둘째 모둠에 속하는 것 중 하나의 세포로 이루어진 생물을 이야기하도록 하지요. 둘째 모둠에 속하는 생물로는 아메바, 짚신벌레, 유글레나 등을 들 수 있습니다.

먼저 아메바부터 이야기할까요? 아메바는 세포가 자유롭게 늘어나서 움직일 수 있는 특징이 있지요. 아메바와 대장균의 큰 차이는 아메바는 핵막이 있어 세포질과 핵이 구분된다는 것입니다. 그뿐만 아니라 세포 안에 막으로 된 여러 기관이 발달되어 있지요. 세균보다 훨씬 발달한 생물이라고 볼 수 있답니다.

막으로 된 여러 기관이 있다는 말에는 이런 의미가 있어요. 세포의 여러 기능이 세포질 안에서 복잡하게 흩어져 일어나는 것이 아니라, 잘 구분하여 특정한 부분에서 일어난다는

것이지요. 세균의 집 안은 여러 가지가 어지럽게 널려 있는 반면, 아메바의 집안은 잘 정리되어 있다고 할 수 있지요.

둘째 모둠에 속하면서 하나의 세포로 이루어진 생물로는 아메바 외에 유글레나와 짚신벌레 등이 있답니다. 이런 생물들은 원생생물이라고 하는데, 자기 몸을 움직이는 운동 기관이 있다는 점이 특징입니다. 짚신벌레는 몸 주위에 배의 노와 같이 움직이는 작은 털인 섬모를 가지고 있고, 유글레나는 기다란 채찍 모양의 털인 편모를 가지고 있어 헤엄쳐 다닐 수 있습니다. 이것들은 하나의 세포로 되어 있지만 맨눈으로도 작게 보일 정도의 크기이지요.

이러한 생물은 세균을 먹이로 하는 경우가 많습니다. 먹이를 몸 안으로 잡아들인 뒤 분해 효소가 있는 주머니에 먹이를 가둬서 분해하여 영양소를 얻는답니다. 그러니 하나의 세포 안에 소화기가 있는 셈이지요.

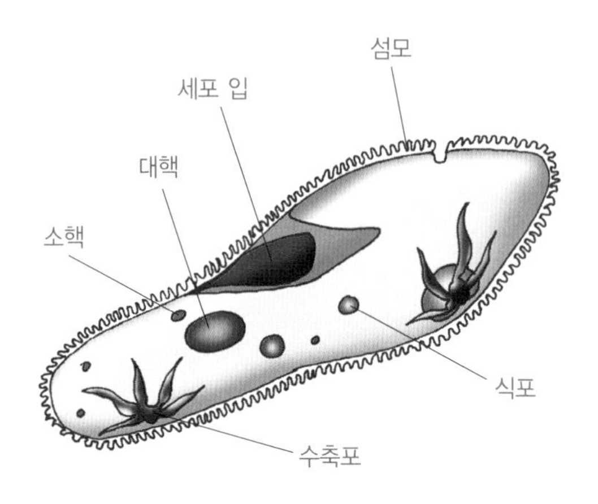

짚신벌레

유글레나는 광합성도 할 수 있지요. 어둠 속에서는 먹이를 섭취하여 살아가지만, 햇빛이 있으면 광합성을 할 수 있답니다. 실험적으로 유글레나의 광합성 색소를 모두 없애도 유글레나는 살아갑니다. 참 편리하게 사는 생물이지요. 사람도 광합성을 할 수 있다면 굶어 죽는 일은 없을 텐데요. 지금도 아프리카에서는 많은 사람들이 굶어 죽어 간다는 사실을 여러분은 알고 있나요?

지금까지 하나의 세포만으로 살아가는 생물이 있다는 것을 보았습니다. 그리고 이러한 생물들이 어떤 의미에선 사람보다 더 효율적으로 살아가는 것도 보았습니다. 한편, 자연에는 세포가 20~30개인 이배충이나 세포 수가 950여 개인 선

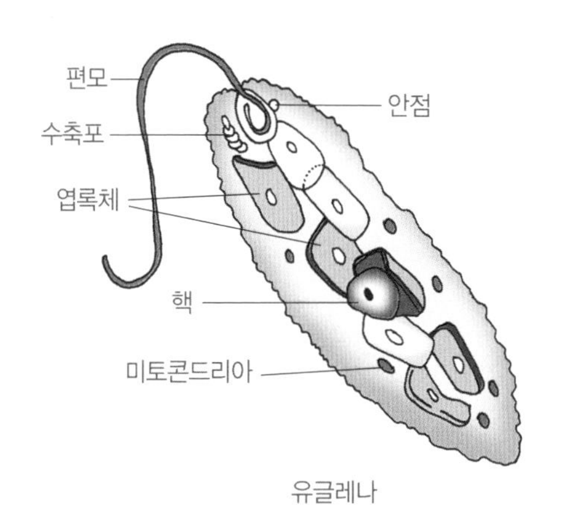

유글레나

충과 같은 생물도 있답니다.

이처럼 자연 속에는 하나의 세포로 이루어진 생물로부터 사람처럼 수많은 세포로 되어 있는 생물이 어우러져 살아가고 있습니다. 어떤 생물이 더 발달했다, 덜 발달했다고 따지는 것은 별 의미가 없는 일이라고 생각합니다. 모두 자연 속에서 없어서는 안 될 존재들인 것입니다. 세균이 살아야 사람도 사는 법이랍니다.

만화로 본문 읽기

선생님, 물속에 작은 생물이 엄청 많아요.
네, 자연에는 수많은 종류의 생물이 살아요. 그런데 그 생물들은 크게 몇 가지로 나눌 수 있답니다.

이렇게 다섯 모둠이 있지요.
첫째 모둠—대장균, 폐렴균 등
둘째 모둠—짚신벌레, 유글레나, 미역, 파래 등
셋째 모둠—곰팡이, 버섯 등
넷째 모둠—이끼, 고사리 등
다섯째 모둠—플라나리아, 지렁이, 가재, 사람 등
선생님, 세균이나 짚신벌레는 다 같은 단세포 동물이잖아요. 근데 왜 다른 모둠인가요?
세균은 짚신벌레와 마찬가지로 하나의 세포로 되어 있는데, 세균이 짚신벌레와 다른 점은 핵이 없다는 것입니다.

그럼 DNA가 없는 건가요.
핵이 없다고 해서 DNA가 없는 것은 아니고, 세포질과 핵의 구분이 없는 거랍니다. 세균은 하나의 세포이기 때문에 참 단순한 삶을 살지요.
그럼 두 번째 모둠인 아메바는 어떤 생물인가요?
아메바는 세포가 자유롭게 늘어나서 움직일 수 있는 특징이 있어요. 아메바와 대장균의 큰 차이는 아메바는 핵막이 있어 세포질과 핵이 구분되고 세포 안에 막으로 된 여러 기관이 발달되어 있는 거랍니다.

막으로 된 여러 기관이 있다는 말은 어떤 의미인가요?
세포의 여러 기능이 세포질 안에서 복잡하게 흩어져 일어나는 것이 아니라, 잘 구분하여 특정한 부분에서 일어난다는 것이지요.

여섯 번째 수업

6

내 몸은 세포가 아니에요

바이러스에 대해 알아봅시다.

6

여섯 번째 수업

내 몸은 세포가 아니에요

교.
과.
연.
계.

중등 과학 1 — 6. 생물의 구성
고등 생물 II — 1. 세포의 특성

훅 박사가 칠판에
다음과 같이 크게 쓰고
여섯 번째 수업을 시작했다.

Virus.

이번 시간에는 바이러스에 대해 이야기하려고 해요. 지난 시간에 세포 하나로 살아가는 생물에 대해 이야기했었지요? 세균, 아메바, 짚신벌레 등. 이 시간에는 세포라고 보기 어려운 몸을 가진 바이러스에 대해 이야기하겠습니다.

바이러스는 세균보다 작다

러시아의 식물학자 이바놉스키(1864~1920)는 담배모자이크병의 원인을 밝히려고 노력했었답니다. 담배모자이크병이란 담뱃잎이 광합성을 못하도록 하여 담뱃잎의 수확을 크게 줄이는 병입니다.

이바놉스키는 담뱃잎의 즙을 짜내어 아주 작은 구멍이 많이 나 있는 도자기에 담아, 담배모자이크병을 일으키는 세균을 걸러 내려고 하였습니다. 그는 담배모자이크병을 일으키는 병원체를 세균이라고 생각했거든요. 세균은 작은 구멍을 통과하지 못하기 때문에 작은 구멍이 있는 도자기로 세균을 걸러 낼 수 있었지요.

그런데 이 세균 여과기의 아래로 흘러 내려간 즙에 담배모

자이크병을 일으키는 병원체가 있는 것을 알았습니다. 세균이 통과할 수 없는 작은 구멍을 담배모자이크병의 병원체는 통과한 것이었죠. 분명 세균보다 작은 병원체가 있는 게 분명하였지요.

그런데 정작 이바놉스키는 여과기가 불량품이어서 담배모자이크 병원체가 통과한 것이라고 생각했다고 합니다. 나중에 베이제린크(Martinus Beijerinck, 1851~1931)라는 학자가 1898년 이바놉스키의 실험을 다시 해 보고 나서 세균보다 작은 병원체가 있다는 사실을 알게 되었고, 그 병원체를 바이러스라고 불렀지요.

바이러스의 몸은 참 간단합니다. 단백질로 된 껍질에 핵산(DNA 또는 RNA)이 들어 있는 것이 기본 구조입니다. 기억해 두세요.

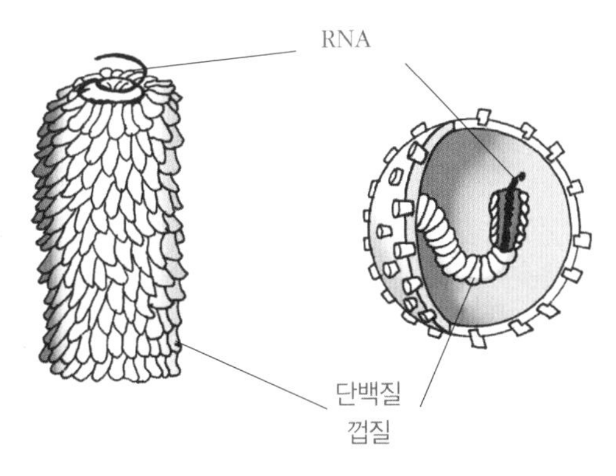

바이러스의 구조

바이러스는 핵산과 단백질로만 되어 있다.

세균과 같이 세포막이 있는 것도 아니고 스스로 영양소를 분해하여 에너지를 얻지 못하기 때문에, 바이러스는 세포가 아니라고 봅니다. 바이러스는 생물체 밖에서는 결정으로 있습니다. 즉, 분필 가루처럼 삶과 죽음이 없는 상태로 있을 수 있다는 것입니다. 그러다가 살아 있는 세포 속에 들어가게 되면 번식하면서 병을 일으키는 것입니다. 그러므로 바이러스는 생물인지 아닌지 판단하기가 어렵습니다.

한 가지 질문을 하지요. 과연 바이러스는 무생물이 생물로 되는 중간 단계라고 볼 수 있을까요? 오늘날 생물은 바이러스 단계를 거쳐서 발달했을까요? 아니랍니다. 바이러스는 살아 있는 세포가 없다면 번식할 수 없기 때문입니다. 스스로 살지 못하니 최초의 생물일 수가 없는 거랍니다.

바이러스는 약으로 죽이기 어렵다

바이러스는 사람과 동물에게서 많은 병을 일으킵니다. 감기, 소아마비, 뇌염, 에이즈, 또 요즈음에 화제가 되는 조류

독감 등. 하지만 바이러스를 퇴치할 약은 아직 없습니다. 워낙 간단한 구조를 가진지라 약으로 죽일 방법이 없다는 것입니다. 세포인 세균만 하더라도 세포막을 파괴한다든가, 세균 안에서 일어나는 여러 화학 반응을 약으로 차단하면 죽일 수 있습니다. 그러나 단백질과 핵산이라는 물질로만 이루어진 바이러스는 마땅히 죽일 방법이 없는 것입니다.

좀 잔인한 이야기이지만 생물체가 복잡한 구조를 가질수록 죽이는 방법도 여러 가지 있을 수 있는 거랍니다. 에이즈는 너무 간단하기 때문에 완전히 치료할 약이 아직 없지요. 감기 바이러스를 직접 없애는 약도 아직 없답니다. 다만 기침이나 열 등을 조금 덜하게 하는 약만 있을 뿐입니다.

그렇다면 우리 몸에 들어온 바이러스는 어떻게 퇴치할 수 있을까요. 백혈구가 잡아먹어서 퇴치하게 됩니다. 여러분은 백혈구가 병균을 잡아먹는다는 것을 이미 배워서 알고 있지요? 백혈구 안에는 분해 효소가 있어 잡아들인 바이러스나 세균을 분해한답니다. 이는 마치 우리가 음식물을 먹고 소화 효소로 분해하는 것과 같습니다.

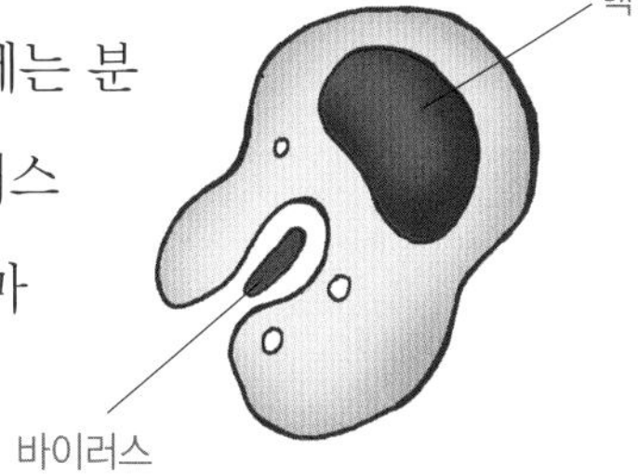

백혈구의 식균 작용

우리가 건강할수록 백혈구의 활동이 활발합니다. 어떤 사람은 감기를 달고 다니고, 어떤 사람은 1년 내내 감기에 걸리지 않죠? 우리 몸의 바이러스와 싸우는 능력이 개인마다 차이가 나기 때문이지요. 그러므로 감기에 걸리지 않으려면 몸을 건강하게 유지해야 한답니다.

에이즈 바이러스는 면역 세포를 공격한다

역시 바이러스가 일으키는 질병인 에이즈(AIDS)에 대해 잠깐 생각해 보고 가도록 해요. 에이즈에 걸리면 몸의 면역력이 떨어지게 된답니다. 그래서 면역 결핍증이라고 불리기도 하죠?

면역력이란 병원체와 싸우는 능력을 말하지요. 에이즈를 일으키는 바이러스(HIV)는 어떻게 몸의 면역력을 떨어뜨릴까요? 우리 몸이 병원체와 싸우려면, 먼저 병원체를 알아봐야겠지요? 적을 알아야 적과 싸울 수 있을 거예요.

그런데 에이즈에 걸리면 적이 우리 몸에 침입을 해도 알아보질 못하는 거예요. 그래서 적과 싸우는 군사인 항체도 만들지 않고요. 왜냐하면 적을 알아보고, 항체를 만들도록 하는 T림프구라는 백혈구가 HIV의 습격을 받기 때문이지요. 기억해 두세요.

HIV는 병균과 면역을 담당하는 T림프구를 공격한다.

그래서 HIV에 감염되면 병균에 대항하는 힘이 약해져, 보통 사람은 잘 걸리지 않는 병에 쉽게 걸려서 결국에는 죽게 된답니다. 특히 폐에 병이 잘 생기지요. 좀 특이한 점은 에이즈 바이러스에 감염된다고 해서 바로 에이즈 환자가 되는 것이 아니고, 서서히 병이 진행되어 7~8년이 지나야 몸의 면역력이 떨어져 병이 나타난다는 점입니다.

그러나 몸이 건강한 사람은 더 오랫동안 그저 HIV를 가지고만 있고 병이 나지는 않습니다. 여러분은 마이클 조던보다 조금 먼저 선수 생활을 한 매직 존슨이란 선수를 알고 있나요? 마이클 조던만큼이나 유명한 매직 존슨이 선수 시절 HIV에 감염되어 자신의 소속 팀에서 쫓겨났습니다. 하지만 농구를 하는 과정에서 HIV가 전염되지는 않는다는 것이 알려지면서 팀에 복귀해 선수 생활을 계속했답니다. 그리고 아직 발병하지 않았다고 합니다. 스스로 건강 관리를 잘했기 때문일 것입니다.

HIV는 피를 통해서만 전염이 된다고 해요. 무슨 말이냐 하면 HIV를 가진 사람의 피와 자신의 피가 섞일 때만 HIV가 옮겨진다는 것이죠. 가끔 병원에서 다른 사람의 피를 받은 사람이 수혈 받은 피에 HIV가 있어 에이즈에 걸렸다는 보도를 본 사람도 있을 거예요. 물론 헌혈을 받으면 HIV가 있는지를 미리 검사하지만, 가끔씩 이런 실수가 나오는 거죠. HIV를 가진 사람이 헌혈하면 절대 안 되겠지요?

세균에 기생하는 바이러스도 있다

세균도 작은데 세균에 침입하여 사는 바이러스가 있다니 참 놀랍기만 합니다. "벼룩의 간을 내먹는다."라는 말이 생각나죠? 이 바이러스의 이름을 박테리오파지라고 합니다. 박테리오파지 바이러스는 일단 세균 안으로 침입하면 여러 마리로 번식을 한답니다. 그 뒤 세균을 터뜨리고 밖으로 몰려나온다는군요. 좀 잔인하지요? 이 과정이 30분 정도 걸린다고 해요.

그런데 박테리오파지는 자신이 쳐들어간 세균의 건강 상태가 좋지 않으면 가만히 숨어 있다가, 조건이 좋아지면 다시

T2 박테리오파지의 생활 주기

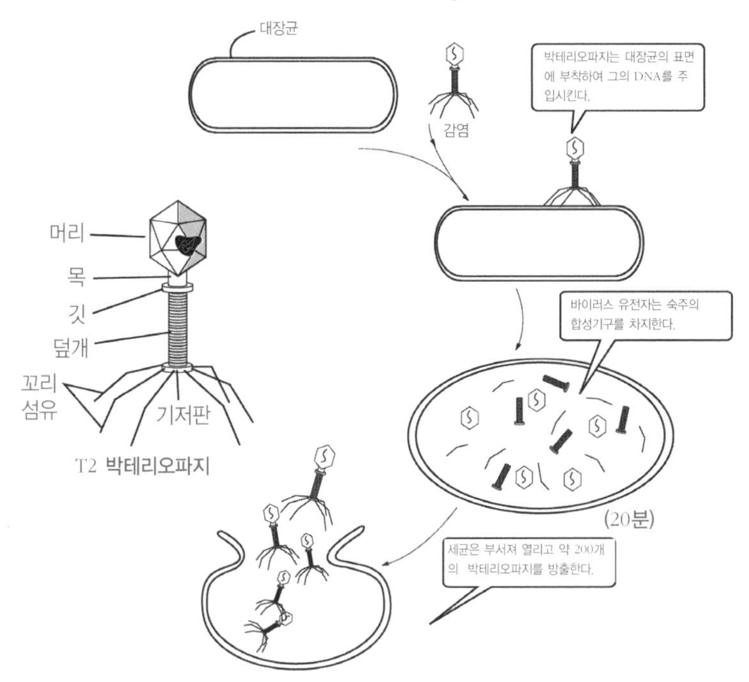

번식하는 지혜를 가지고 있답니다. 바이러스의 어디에서 이러한 꾀가 나오는지 참 궁금하지요? 사실은 바이러스가 때를 판단하는 지혜를 가진 것이 아니라, 세균이 건강할 때 많이 생기는 단백질이 바이러스의 번식을 촉진하는 것으로 알려져 있답니다.

지금까지 바이러스에 대해 알아봤습니다. 바이러스는 세균이 아니라는 것을 기억해 두세요. 흔히 박테리아라는 세균을

뜻하고, 바이러스는 세균과 다르며 크기도 세균과 비교할 수 없게 작습니다. 세균이 대학생이라면 바이러스는 유치원생 수준도 못 된다고 보면 된답니다. 바이러스에 비하면 세균은 대단히 복잡한 기능을 지닌 생물이랍니다. 따라해 보세요.

바이러스는 세포가 아니다.

바이러스는 세균이 아니다.

바이러스는 홀로 살지 못한다.

만화로 본문 읽기

감기 바이러스 때문에….
선생님, 바이러스는 누가 발견했나요?
바이러스를 발견한 사람은 러시아의 식물학자 이바놉스키랍니다. 그는 담배모자이크병의 원인을 밝히려고 노력하였답니다.

담배모자이크병은 뭔가요?
담배모자이크병이란 담뱃잎이 광합성을 못하도록 하여 담뱃잎의 수확을 크게 줄이는 병이랍니다.

이바놉스키는 담뱃잎의 즙을 짜내어 세균이 통과할 수 없는 여과기를 통과시켰는데 담배모자이크병의 병원체는 통과한 것이었죠.
그럼, 그렇게 이바놉스키라는 분이 바이러스를 발견한 건가요?

아닙니다. 정작 이바놉스키는 여과기가 불량품이어서 담배모자이크 병원체가 통과한 것이라고 생각했다고 합니다. 나중에 베이제린크라는 학자가 이바놉스키의 실험을 다시 해 보고 나서 세균보다 작은 병원체가 있으며, 그 병원체를 바이러스라고 불렀지요.

바이러스는 어떻게 생겼나요?
바이러스의 몸은 참 간단합니다. 단백질로 된 껍질에 핵산(DNA, 또는 RNA)이 들어 있는 것이 기본 구조랍니다.

핵산과 단백질로만 이루어진 바이러스는 세균과 같이 스스로 영양소를 분해하여 에너지를 얻지 못하기 때문에 바이러스는 세포가 아니라고 본답니다.
바이러스의 특징을 정리해 보면 다음과 같아요.
· 바이러스는 세포가 아니다.
· 바이러스는 세균이 아니다.
· 바이러스는 홀로 살지 못한다.
아~

일곱 번째 수업

7

에너지가 있어야 살아요

세포에게 필요한 에너지에 대해 알아봅시다.

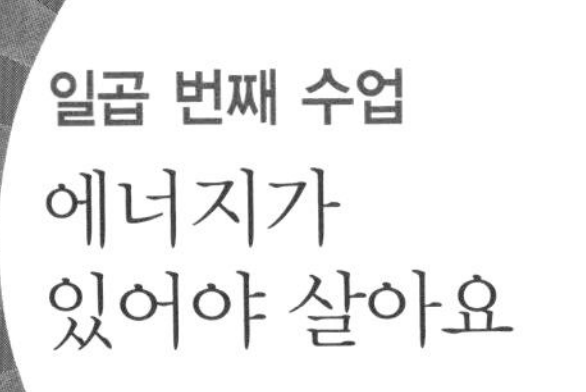

7

일곱 번째 수업

에너지가 있어야 살아요

교과연계		
중등 과학 1	6. 생물의 구성
고등 생물 II	1. 세포의 특성

훅 박사가 빵을 하나 들고 일곱 번째 수업을 시작했다.

이번 시간에는 에너지 이야기를 하려고 해요. 세포가 살아가는 데 에너지가 필요하다는 얘기죠. 아주 쉬운 얘기부터 시작하지요. 여러분은 왜 먹는가요? 여러분은 숨을 쉬지요? 왜 숨을 쉬는지 알고 있나요?

숨을 쉴 때 우리 몸은 산소(O_2)를 얻게 되죠. 우리가 공기를 폐로 받아들일 때 산소가 우리 몸의 혈관으로 들어가게 된답니다. 이 산소는 적혈구에 실려서 혈관을 타고 온몸으로 퍼져 나가게 되지요. 그리고 산소는 우리 몸을 이루는 모든 세포로 공급이 되는 겁니다.

산소는 에너지와 관련이 있다

산소는 세포에 가서 무슨 일을 하게 될까요? 세포로 들어간 산소는 '미토콘드리아'라는 조금 긴 이름을 가진 조그만 기관에 도착하게 되지요. 이 기관 속에서 산소는 영양소를 분해하는 데 이용된답니다. 그러면 에너지가 나오는 거지요. 이젠 알겠지요? 우리가 숨을 쉬는 것은 에너지를 얻기 위해서라는 것을요.

우리는 에너지를 얻기 위해 숨을 쉰다.

영양소를 분해하면 에너지가 나온답니다. 이는 마치 불이 타는 것과 같아요. 쌀을 태우면 이산화탄소와 물이 생기면서 열에너지가 나옵니다. 마찬가지로 세포에서 영양소를 분해하면, 이산화탄소와 물이 생기면서 에너지가 생긴답니다.

이때 모두 산소가 필요하지요. 불이 탈 때도 산소가 필요하고, 세포에서 영양소가 분해될 때도 산소가 필요하답니다. 그래서 산화라는 말을 붙이지요. 영양소의 산화, 곧 영양소의 분해. 이것도 기억해 두세요.

영양소가 산화(분해)되면 에너지가 나온다.

영양소가 산화(분해)되는 데 산소가 필요하다.

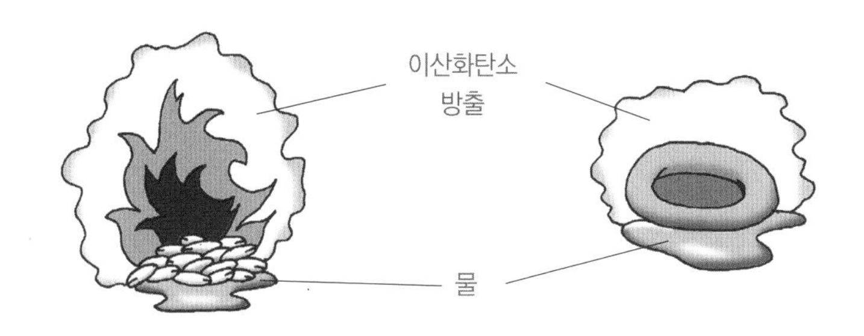

영양소가 분해될 때 생기는 물은 결국에는 오줌이나 땀으로 나가게 됩니다. 그러면 이산화탄소는 어디로 나가죠? 우리가 숨을 쉴 때 코로 나가게 되는 겁니다. 그러니 코가 굴뚝 기능을 하는 셈이네요.

자, 그러면 우리가 빵을 먹어서 얻은 영양소와 숨을 쉴 때 몸으로 들어간 산소가 어디에서 만나는지 알게 되었죠? 바로 세포에 있는 미토콘드리아라는 기관입니다. 그래서 미토콘드리아는 '세포의 발전소'라고 부른답니다. 미토콘드리아의 내부는 호두 속처럼 복잡한 모양을 하고 있습니다.

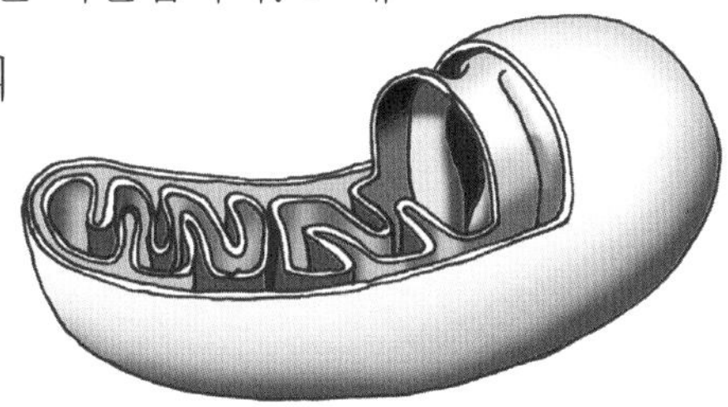

미토콘드리아 내부

세포가 한 번 사용한 에너지는 다시 사용할 수 없다

그렇다면 세포는 왜 에너지가 필요할까요? 세포가 에너지를 얻을 수 없다면 어떻게 될까요? 세포는 단 1초도 쉬는 법이 없습니다. 세포 안에서는 끊임없이 일이 일어납니다. 어떤 물질을 합성하고, 운반하고, 분해하고, 외부에서 필요한 물질을 흡수하고, 자극을 전달하고……. 이런 일들에 에너지가 필요합니다.

우리가 운동을 하지 않고 가만히 있을 때도 모든 세포가 일을 합니다. 그렇기 때문에 우리는 가만히 있을 때도 많은 에너지를 소비하게 됩니다. 그런데 세포에서 한 번 생명 활동에 이용된 에너지는 다시 사용할 수 없습니다. 이는 마치 다리미를 이용할 때 다리미를 빠져나온 열을 우리가 다시 이용할 수 없는 것과 마찬가지입니다.

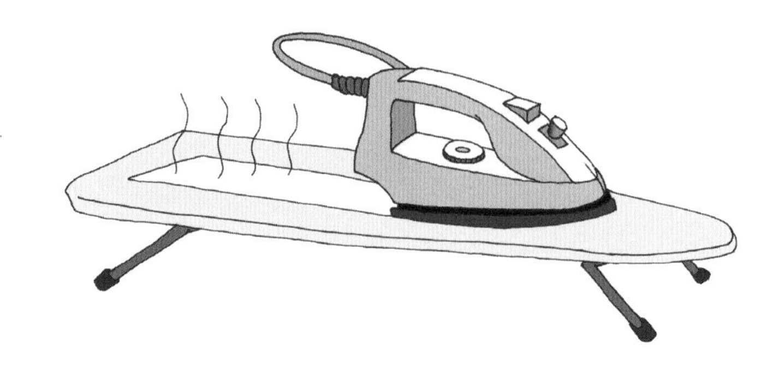

또한 세포에서 이용한 에너지는 세포에 보관되지 못하고 외부로 흘러나가게 됩니다. 마치 다리미를 이용할 때 나오는 에너지는 다리미에서 나와 공기 중으로 흩어지는 것과 같은 이치라고 하겠습니다. 그러므로 세포가 이용한 에너지도 결국에는 몸 밖으로 빠져나간답니다.

세포는 계속하여 에너지를 필요로 하는데, 이용된 에너지는 다시 사용할 수 없을 뿐 아니라 세포로부터 나가 버립니다. 그러니 계속하여 세포에게 에너지를 공급해 주어야 하는 것입니다. 이것이 바로 우리가 계속 숨을 쉬고 세 끼 밥을 먹는 이유랍니다.

만일 세포가 사용한 에너지를 다시 사용할 수 있다면 우리는 밥을 거의 먹지 않아도 살 수 있을 겁니다. 먹는 재미 없이 어떻게 사느냐고요? 하긴 그런 문제도 있네요.

이러한 까닭에 생물은 열린 공간에서 살아가야 한답니다. 식물이 열린 공간에서 에너지 출입이 가능한 경우와 에너지가 출입할 수 없는 닫힌 공간에서 사는 경우가 있다고 해 봐요. 열린 공간에 있는 식물은 외부로부터 에너지를 받을 수 있지만, 닫힌 공간에 있는 식물은 외부로부터 에너지를 받을 수 없지요.

자신이 사용한 에너지는 다시 사용할 수 없으니 죽고 맙니

다. 닫힌 공간 안에 있는 에너지는 더 이상 식물이 사용할 수 없거든요.

우주는 무질서해져 간다

좀 어려운 이야기를 할까요? 심화 학습이라고 생각하고 들어보세요. 이런 말을 들어보았나요?

"우주는 점점 무질서해진다."

열역학 제2법칙이라고도 해요. 물에 잉크를 한 방울 떨어뜨려 봐요. 시간이 지날수록 잉크가 물에 퍼져 나가죠. 퍼진

잉크가 다시 모이는 법은 결코 없지요. 잉크 입자를 다시 모으려면 에너지가 필요하답니다. 잉크를 다시 모을 수도 없지만요.

이렇게 무질서의 상태에서 질서가 있는 상태로 되려면 에너지가 필요하답니다. 자, 우리의 생각을 세포로 옮겨 봐요. 세포는 대단히 질서가 잡혀 있는 구조물이랍니다. 세포 바깥세상과도 확실히 구분이 되고요. 세포에 에너지를 공급하지 않으면 어떻게 될까요? 세포는 질서를 잃어버린 채 붕괴되고 말 것입니다. 그러므로 세포가 자신의 질서를 유지하기 위해서도 에너지가 계속 필요한 것이랍니다.

그럼, 세포가 계속 질서를 유지하며 살아간다면 자연의 법칙에 어긋나는 것일까요? 그렇진 않아요. 세포가 자신의 질서를 유지하기 위해 계속 에너지를 소비하는 만큼 주변은 무질서해진답니다. 예를 들어, 포도당과 같이 질서가 잡힌 화합물을 분해하여 이산화탄소로 배출하면, 공기는 그만큼 무질서해지지요?

에너지도 열역학 제2법칙, 그러니까 '우주는 점점 무질서해진다'는 법칙에서 예외가 아니랍니다. 세포가 한 번 사용한

에너지를 다시 사용할 수 없는 이유가 여기에 있답니다. 아까 다리미의 예를 들었지요? 다리미가 사용한 에너지를 다시 모아 다리미를 쓰는 데 이용할 수 없는 것과 마찬가지랍니다. 에너지가 점점 이용할 수 없게 무질서해지거든요.

지금까지 세포가 에너지를 필요로 한다는 것을 이야기하였습니다. 세포가 계속 에너지를 필요로 한다는 것은 우리가 살아가는 데 계속 에너지가 필요하다는 말이 됩니다. 그리고 우리 몸의 세포가 이용하는 에너지는 모두 태양으로부터 오는 것이랍니다. 결국 태양이 지구상의 모든 생물을 질서가 있는 몸을 가지고 활동하게 하는 에너지원이 된답니다.

만화로 본문 읽기

마찬가지로 세포에서 영양소를 분해하면 이산화탄소와 물이 생기면서 에너지가 생기지요. 그래서 산화라는 말을 붙이지요. 영양소의 산화는 곧 영양소의 분해랍니다.

이산화탄소

물

여덟 번째 수업

8

서로 연락해야 살 수 있어요

세포 간의 연락 수단에 대해 알아봅시다.

8

여덟 번째 수업

서로 연락해야 살 수 있어요

교. 과. 연. 계.

중등 과학 1	6. 생물의 구성
고등 생물 II	1. 세포의 특성

훅 박사가 휴대 전화를 손에 들고 여덟 번째 수업을 시작했다.

여러분은 휴대 전화를 가지고 있는지요? 이제 거의 모든 사람이 휴대 전화를 소유하는 시대가 되었습니다. 때와 장소를 가리지 않고 사람들은 다른 사람과 연락할 준비가 되어 있는 것입니다. 휴대 전화뿐 아니라 우리 주변에는 많은 연락 수단이 있습니다. 편지, 이메일, 인터넷, 방송, TV, 팩스, 무전기, 경보 등등. 사람들은 왜 서로 연락을 할까요? 그래야 살아갈 수 있기 때문이랍니다.

각종 연락 수단은 우리의 사적인 대화에 이용될 뿐만 아니라 우리가 몸담고 살아가는 사회가 잘 유지되고 발전하도록

하는 데 이용된답니다. 휴대 전화를 가지고 다니다가 하루쯤 휴대 전화를 이용하지 말아 보세요. 무척 답답할 것입니다. 만일 아무런 연락 수단도 없다면 그 불편함이란 이루 말할 수 없을 것입니다. 한 국가에서 모든 연락 수단이 없어진다고 해 봐요. 모든 국가 기관과 산업이 마비될 것이 분명합니다.

세포 간에는 연락 수단이 있다

우리 몸을 이루는 세포는 끊임없이 활동을 합니다. 그리고 그 활동은 우리 몸 전체의 요구에 따르게 됩니다. 몸을 이루는 각 세포가 조화롭게 활동한다는 것은, 곧 세포 간에 연락 수단이 있다는 것을 의미합니다.

세포는 서로 정보를 교환한다.

자, 그러면 세포 사이에 신호 전달은 어떻게 일어날까요? 우리가 휴대 전화로 전화를 거는 것을 예로 들어 봅시다. 우리가 휴대 전화에 말을 하면 음성은 전파로 바뀌어 공기 중으로 날아갑니다. 그러면 기지국에서 다시 상대방 휴대 전화로 전파를 보냅니다. 상대방 휴대 전화에 도달한 전파는 다시 음성으로 바뀌어 상대방 귀에 들리게 됩니다.

그러면 그것은 신경 신호가 되어 대뇌에 전달되고, 그것을 다시 음성으로 인식하게 되는 것입니다. 세포 간의 신호 전달도 이렇게 정보의 형식이 바뀌면서 전달이 된답니다.

하지만 세포 사이에서 정보를 전달하는 신호는 우리들이 사용하는 메시지 형태의 변화보다는 간단하지요. 먼저 다른 세포에게 연락을 하고자 하는 세포에서 특정한 형태의 신호 물질을 만들어서 다른 세포로 보냅니다. 그 신호를 받는 세포는 세포 내에서 신호에 대한 반응이 일어나게 된답니다.

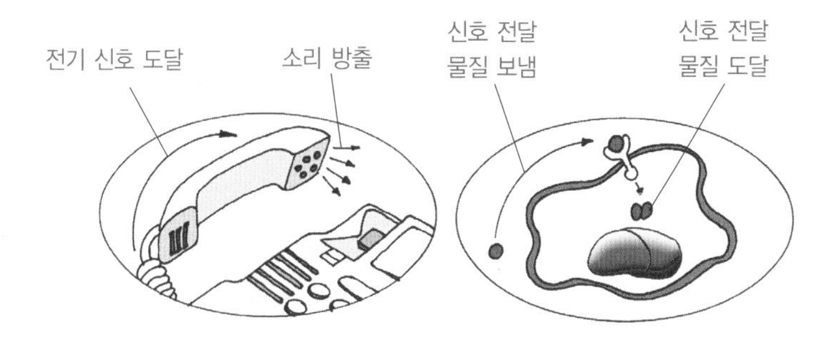

좀 더 자세하게 이야기를 해 볼게요.

호르몬은 우리 몸의 편지이다

먼저 호르몬이라는 연락 수단에 대해 생각해 보도록 해요. 호르몬이라는 말을 들어보았지요? 호르몬이란 바로 신호 전달 물질이랍니다. 그래서 호르몬이라는 물질은 반드시 태어난 곳으로부터 다른 곳으로 이동해야 하는 운명을 가지고 있지요. 다른 곳으로 이동하지 않으면 호르몬이라고 불릴 자격이 없는 거지요. 자, 기억하세요.

호르몬은 세포 사이에 정보를 전달한다.

호르몬을 만드는 세포를 내분비 세포라고 부릅니다. 이 세포에서 만들어진 호르몬은 혈액으로 분비됩니다. 강물에 편지를 띄워 보내는 것과 비슷하지요. 그래서 호르몬은 우리 몸의 편지라고 표현하기도 해요. 그렇다면 우리 몸의 전화는 무엇일까요? 바로 신경이랍니다.

혈액으로 분비된 호르몬은 온몸으로 퍼져 나갑니다. 그러면 온몸의 세포가 다 그 호르몬에 반응할까요? 아닙니다. 그 호르몬에 반응하는 세포가 따로 있답니다. 어떤 세포냐 하면 그 호르몬을 받아들이는 수용체가 있는 세포만 반응을 해요.

다시 휴대 전화의 예를 들어 보지요. 여러분이 문자 메시지를 보내면 전파가 공중으로 퍼져 나가요. 하지만 단 한 사람의 휴대 전화에만 그 문자 메시지가 뜨게 되지요. 호르몬의 반응도 그와 마찬가지라고 생각하면 되는 겁니다. 방금 전에 중요한 용어가 하나 나왔어요. 수용체라는 용어지요. 수용체란 특정 호르몬을 받아들일 수 있는 세포의 장치를 말한답니다.

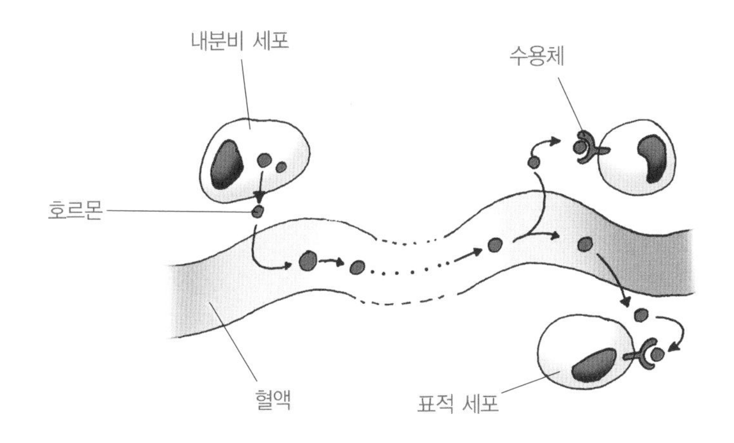

내분비계

호르몬의 신호를 받은 세포는 그 신호에 따라 일을 하게 되는데, 그 일은 한 가지로 제한되지 않습니다. 예를 들어, '적이 쳐들어올 것이다'는 정보를 입수한 나라에서는 군사를 모으고, 무기를 정비하고, 식량을 비축하여 대비를 하겠지요? 세포도

마찬가지랍니다. 예를 들어, '몸이 춥다'는 정보를 받은 세포는 열을 내기 위해 여러 가지 화학 반응을 일으키게 된답니다.

신경은 우리 몸의 전화이다

호르몬에 비해 신경은 좀 더 빠른 연락 수단이랍니다. 방금 전에 호르몬을 편지라고 한다면 신경은 전화라고 했지요? 신경은 세포가 아예 길게 늘어나서 신호를 전달하는 장치랍니다. 신경의 마지막에서는 신경 전달 물질이 나와 표적 세포가 반응을 하게 되지요.

우리가 운동을 할 때 신경 세포에서 연락이 와야 근육이 수

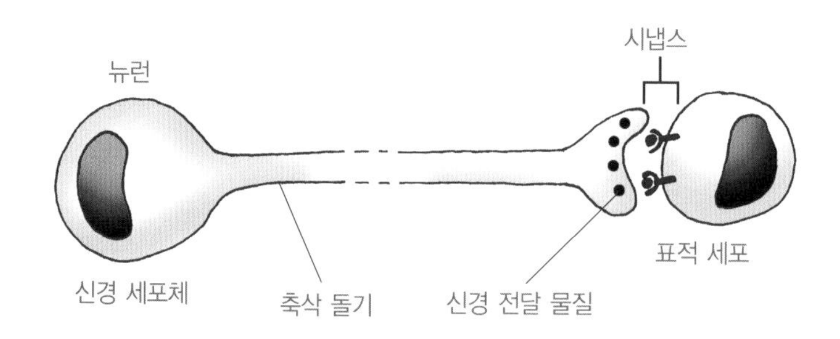

신경계

축하게 된답니다. 신경의 신호 전달은 일종의 전기적인 신호인데, 전기가 전선을 이동하는 것과는 다르답니다. 신호 전달 속도도 전기처럼 빠르지는 않고요. 우리가 날아오는 공을 잡을 때 공을 보는 시각과 손을 움직이는 시각이 차이가 나는 것도 이 때문입니다.

호르몬과 신경은 모두 원거리 연락 수단이랍니다. 세포가 주변 세포로 연락할 때는 호르몬이나 신경을 이용하지 않는답니다. 옆집에 연락할 때 편지나 전화보다는 직접 연락하는 것과 마찬가지로 말입니다. 아래 그림처럼 신호 전달 세포에서 이웃하는 세포로 신호 전달 물질을 보내지요. 그러면 이웃하는 세포는 그 신호 전달 물질에 수용체가 있어서 반응을 하게 됩니다.

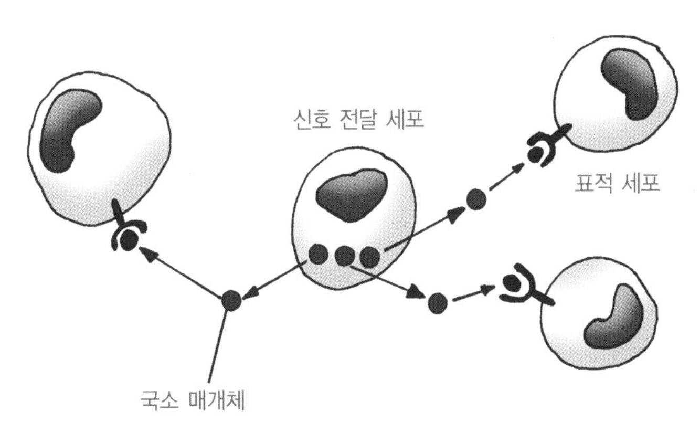

국소 분비

두 세포가 서로 마주 닿아 있을 때는 신호 전달 물질을 이용하지 않지요. 아래 그림처럼 막이 결합하여 신호를 전달하기도 해요. 얼굴을 마주 보고 대화를 하는 것과 마찬가지로요. 이러한 연락 방식은 아이가 엄마 뱃속에서 처음 생겨날 때 손이 생기고, 심장이 생기고, 눈이 생기는 과정에서 서로 닿아 있는 세포끼리 연락을 하며 아이 몸을 예쁘게 만들어 갈 때 이용하는 신호 전달 방법이랍니다.

지금까지 이야기한 것처럼 세포는 서로서로 계속 연락을 주고받아야 합니다. 세포 간에 서로 연락을 해야 세포가 살아가고, 분열하고, 여러 가지 모양으로도 될 수 있습니다. 그리고 세포는 신호를 아주 받지 못할 때는 자살하기도 하지요. 자살이라고 하니 좀 이상하긴 하지만, 사실이랍니다.

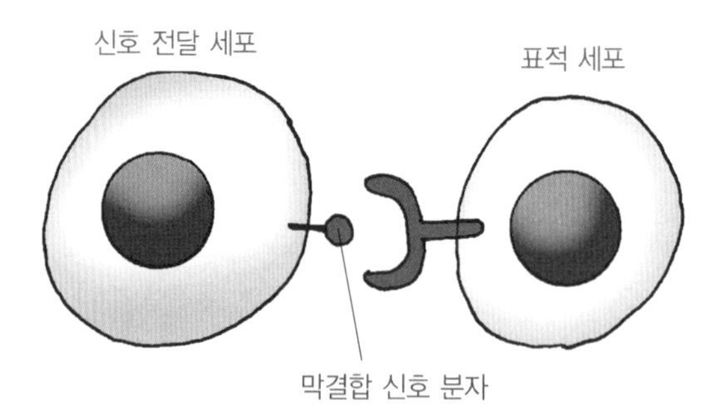

접촉 의존성 형태

세포 간의 연락을 이야기하다 보니 '삶은 곧 관계'라는 말이 생각나네요. 우리가 이 세상에서 누구와도 관계를 맺지 않고 살 수 있을까요? 부모님, 형제, 자매, 친구, 선생님, 선배, 후배 등등 우리는 이미 많은 관계를 가지고 있답니다. 그리고 그 관계 속에서 내가 누구인지도 알 수 있답니다.

여러분 주위에 혹시 외로운 친구가 있는지요. 그 친구에게 손을 내밀어 주기 바랍니다. 그 친구의 마음속에 활기가 생겨날 것입니다. 세포와 마찬가지로 우리도 다른 사람의 사랑의 신호가 꼭 필요한 것입니다.

만화로 본문 읽기

세포 간에는 연락 수단이 있지요. 먼저 연락을 하고자 하는 세포에서 호르몬이라는 신호 전달 물질을 만들어서 다른 세포로 보내고 그 신호를 받는 세포는 세포 내에서 신호에 대한 반응이 일어나게 되지요.

호르몬이 세포 사이에 정보를 전달하는군요.

전해 줘…

아 홉 번 째 수 업

9

하나가 둘이 될 수 있어요

세포의 분열에 대해 알아봅시다.

9

아홉 번째 수업

하나가 둘이 될 수 있어요

교.
과.
연.
계.

중등 과학 1 | 6. 생물의 구성
고등 생물 II | 1. 세포의 특성

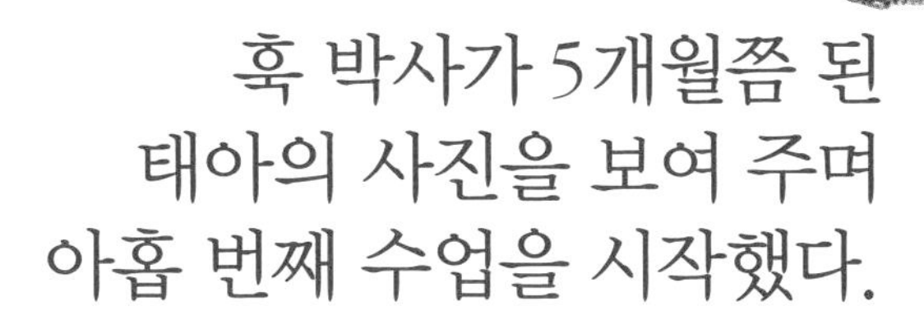

훅 박사가 5개월쯤 된 태아의 사진을 보여 주며 아홉 번째 수업을 시작했다.

어른의 몸에는 무려 60조 개의 세포가 있다고 했었지요. 하지만 아이가 처음 생기기 시작할 때는 하나의 세포로부터 출발한답니다. 하나의 세포가 2개가 되고, 둘이 4개가 되고, 이렇게 분열하면서 손발이 생깁니다.

그리고 10개월이 되면 태어나지요. 그리고 계속 세포 분열을 하여 몸이 자라게 되지요. 그런데 하나의 세포가 셋으로 분열하는 법은 없답니다. 하나는 꼭 둘로 분열한답니다.

세포는 분열한다

지금 여러분의 몸에서도 계속하여 분열이 일어난답니다. 어떻게 아느냐고요? 여러분의 몸은 무럭무럭 자라고 있기 때문이지요. 몸이 자란다는 것은 세포가 분열한다는 것을 의미한답니다. 왜냐하면 세포의 크기는 대부분 비슷하기 때문이랍니다. 그러므로 쥐는 우리보다 세포 수가 적고, 코끼리는 우리보다 월등히 많은 세포를 가지고 있습니다.

몸이 자라고 있는 여러분의 몸에서만 세포 분열이 일어나는 것은 아니랍니다. 몸이 다 자란 어른의 몸에서도 세포 분열은 계속 일어나지요. 어른의 경우에 세포 분열이 일어나지만, 몸이 자라지 않는 까닭은 무엇일까요? 그것은 수명을 다

하여 죽은 세포를 보충하기 때문이랍니다. 예를 들어, 적혈구는 매초당 200만 개나 생겨납니다. 이 말은 매초당 200만 개가량의 적혈구가 수명을 다한다는 말입니다.

적혈구뿐만 아니라 백혈구도 많이 생겨나고, 소화관 내벽의 세포들도 무수히 새로 생겨납니다. 없어지는 세포를 보충하기 위해서이지요. 그렇다고 우리 몸의 모든 부분에서 세포들이 쉽게 죽고 다시 생겨나는 것은 아니랍니다. 여기에 대해서는 나중에 자세히 이야기를 할까 해요.

그러면 세포가 어떻게 분열하는지, 분열하는 과정에서 어떤 일이 일어나는지 알아보도록 해요. 지금부터 이야기하는 것은 생물 시간에 많이 나오는 내용이니, 특히 잘 이해하고 기억해 두세요.

세포가 분열할 때는 DNA를 복제한다

세포에서 가장 중요한 것이 무엇일까요? 핵 속에 있는 DNA, 곧 유전자랍니다. 세포가 유전자의 지시에 따라 활동하므로 유전자가 없는 세포는 더 이상 활동을 할 수 없습니다. 그러니 유전자가 가장 중요하다고 할 수 있지요. 세포가

분열할 때도 가장 중요한 부분이 바로 유전자를 나눠 갖는 것입니다.

그런데 여기서 한 가지 생각할 점이 있어요. 세포가 분열할 때마다 DNA를 나눠 가지면 세포의 DNA가 점점 줄어든다는 점이지요. 그러면 결국에는 DNA는 없어진다는 계산이 나오겠지요? 하지만 영리한 세포는 DNA를 나눠 갖기 전에 DNA를 복사하여 2배로 만들어 놓지요. 그런 다음에 한 벌씩 가져가면 원래 세포가 갖던 DNA와 변함이 없을 테니까요. 참, 생물에서는 복사라는 말 대신 복제라고 해요. 기억해 두세요.

DNA를 2배로 복사하는 것을 '복제'라고 한다.

세포는 분열하기 전에 DNA를 2배로 복제한다.

DNA는 염색사란 물질에 들어 있어요. DNA가 실 모양으로 생겨서 끊어지기 쉽기 때문에 단백질을 감고 있는데, 이를 염색사라고 해요. 염색사도 실 모양이긴 마찬가지이지요.

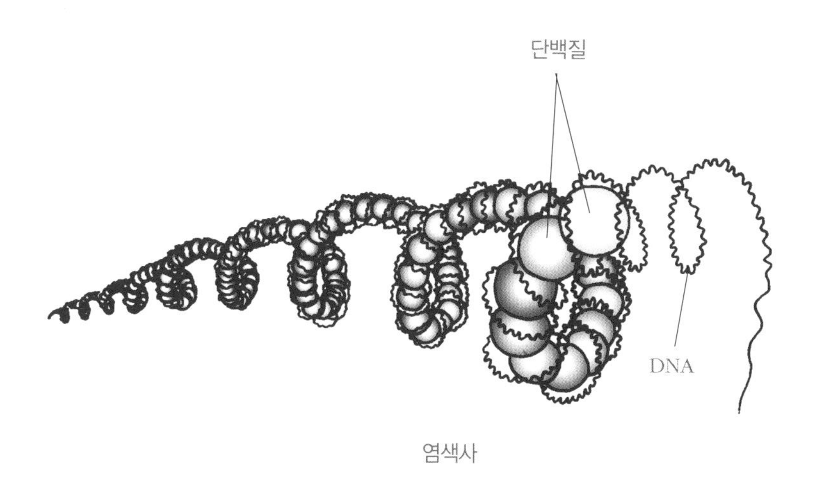

염색사

그래서 세포가 분열할 때는 염색사를 뭉쳐서 염색체를 만들어요. 왜냐하면 염색사는 기다란 실 모양이어서 나눠 갖기에 불편하거든요. 결국 염색체를 나눠 가지면 DNA를 나눠 갖는 셈이 되지요.

그런데 염색체의 모양은 가위 모양으로 생겼어요. 왜냐하면 세포가 분열하기 전에 DNA를 2배로 복제하기 때문이지요. 원래는 1가닥이었던 것이 DNA를 복제한 결과 2가닥이 된 것이지요.

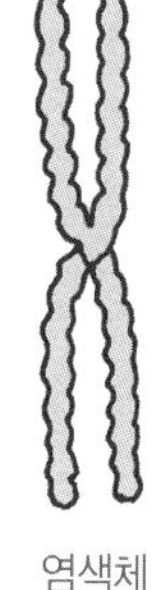

염색체

세포가 분열할 때 2가닥으로 된 염색체를 나눠서 1가닥씩 만 가져가지요. 그러면 원래 모 세포가 갖던 DNA를 딸세포가 그대로 갖게 되는 거지요. 다음 그림을 볼까요? 이 그림은 세포가 분열하는 과정을 나타낸 것이랍니다.

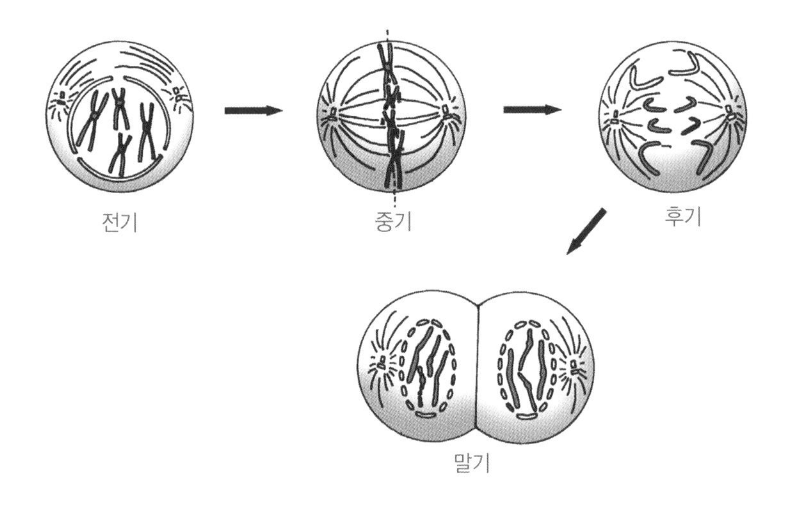

가위 모양의 염색체를 나눠서 양쪽으로 끌어가는 모습이 보이지요? 염색체가 생기는 시기를 '전기', 염색체가 가운데 모이는 시기를 '중기', 염색체가 둘로 나눠져서 끌려가는 시기를 '후기'라고 부른답니다. 그리고 말기에는 핵이 다시 생겨나지요.

전기 : 염색체가 생겨남.

중기 : 염색체가 가운데 모임.

후기 : 염색체가 둘로 나눠져서 끌려감.

말기 : 2개의 딸핵이 다시 생김.

세포가 분열할 때 핵은 어떻게 될까요? 핵을 둘러싸는 막은 세포가 분열을 시작하기 직전에 없어지지요. 그래야 염색체를 나눠 가질 수 있으니까요. 이렇게 염색체를 나눠 가진 다음에 세포질을 나눠 가진답니다. 그러면 2개의 딸세포가 생겨나지요. 여기서 딸세포라고 할 때 '딸'은 '아들과 딸'이라고 말할 때의 딸이랍니다. 아들 세포라고는 왜 안 그러는지 나도 참 궁금하네요.

한 가지 중요한 점이 있어요. 이렇게 세포가 DNA를 분열할 때마다 복제를 하니까, 모든 세포의 DNA는 같다는 점입니다. 그러면 여기서 질문이 하나 생기게 되지요? 모든 세포의 DNA가 같은데 세포가 하는 일이 서로 다를 수 있는가? 참 중요한 질문입니다. 모든 세포의 DNA는 같으나 활동하는 유전자는 다른 거랍니다. 예를 들어, 사람의 DNA가 3만 개라면 그중 필요한 유전자만 활동하는 거랍니다.

지금까지 하나의 세포가 둘이 되는 과정을 생각해 봤습니

다. 지금도 우리의 몸속에서는 무수한 세포가 분열하고 있습니다. 생장하기 위해서, 그리고 없어지는 세포를 다시 보충하기 위해서 세포는 계속하여 분열하고 있습니다. 그리고 그 분열은 우리 몸 스스로가 적절하게 조절하고 있답니다.

보이지 않는 세포에서 DNA를 복제하고, 염색체를 끌어가는 과정이 정확히 일어나는 것을 생각하면, 그리고 모든 세포분열이 알맞게 조절되는 것을 보노라면 보이지 않는 손이 세포 분열을 조절하는 느낌이 들 정도로 놀랍기 그지없습니다.

몸의 부분마다 세포의 교체 속도가 다르다

예를 들어, 우리 몸의 소화관 안쪽 벽을 생각해 보도록 해요. 우리는 참 여러 가지 음식물을 먹지요. 뜨거운 것, 매운 것, 차가운 것, 이런 것들이 계속하여 소화관 내벽의 세포를 괴롭힙니다. 그리고 소화 효소가 내벽을 공격할 수도 있고요. 그러므로 소화관 내벽의 세포는 손상되기 쉽지요.

손상된 세포를 그냥 놔두면 주어진 임무를 다할 수 없거니와, 우리 몸에도 나쁜 영향을 줄 수 있겠지요. 예를 들어, 상한 세포가 암이 될 수도 있거든요. 그래서 손상된 세포를 빨리 제거하고 새로운 세포를 보충해야 하는 거랍니다. 그래서 소화관 안쪽 벽의 세포는 며칠마다 완전히 교체된답니다. 만일 교체가 일어나지 못하면 어떤 현상이 일어날까요.

실험적으로 방사선을 소화관 내벽에 쬐어 주면 세포의 교체가 일어나지 못하게 되는데, 심한 설사와 수분의 손실을 가져오게 됩니다.

죽은 세포들은 대식 세포가 먹어 치우는 경우가 많지요. 대식 세포는 원래 골수, 그러니까 뼛속에서 생성되어 여러 군데로 퍼져서 죽은 세포를 먹어 치우거나 각종 병원체를 먹어 치우는, 그야말로 쓰레기를 전문으로 치우는 세포라고 할 수 있습니다.

이에 비해 뼈세포는 서서히 교체가 되는 편입니다. 뼈세포는 견고한 곳에 자리 잡고 있기 때문에 10년여의 주기를 가지고 교체됩니다. 뼈에는 파골 세포라는 것이 있어 뼈의 세포를 교체하는 작업을 한답니다. 보통 조직에서 대식 세포의 기능을 하는 셈이지요.

뼈에 비해 뇌를 비롯한 신경계의 세포는 교체가 일어나지 않는 세포랍니다. 신경은 슈반 세포라는 보호 세포에 싸여 있는 경우가 많아서 외부로부터 잘 보호될 뿐만 아니라, 구조가 복잡하고 이웃 세포와 긴밀한 관계를 맺고 있어 교체를

하지 않는답니다. 그래서 신경이 상하면 회복되기 어려운 것이랍니다.

이런 상상을 해 보기도 합니다. 뇌세포가 잘 교체된다면 여러 가지 문제가 있을 거라고요. 우리가 만나는 사람들의 행동이나 성격이 쉽게 변할 수도 있겠지요. 며칠 만에 새로운 뇌세포가 뇌를 채운다면 우리가 기억하고 있는 것들이 제대로 보관될까요? 모두 기억 상실증에 걸리지 않을까요? 그리고 어제의 내가 오늘의 나라고 할 수 있을까요?

새로운 세포는 줄기세포로부터 생겨난다

세포가 교체되려면 새로운 세포가 만들어져야 합니다. 교체가 활발하게 일어나는 소화관의 내벽이나 피부, 그리고 혈액세포를 만드는 골수에서는 줄기세포(간세포)라는 세포가 있어서, 이것들이 계속 분열함으로써 세포를 공급해 준답니다.

소화관 내벽이나 피부의 세포는 분열 능력이 없고, 피부 세포층의 아래에 줄기세포가 있어 새로운 세포를 공급해 줍니다. 다음 그림처럼 표피 세포는 계속 떨어져 나가고, 새로운 세포가 아래서 계속 올라오는 것입니다. 그 결과 두 달 정도

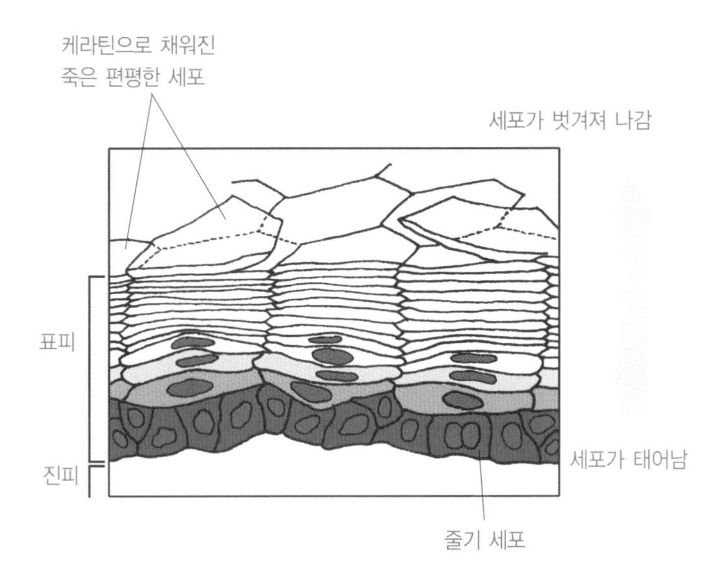

면 피부의 표피 세포는 교체된답니다.

소화관 내벽도 마찬가지랍니다. 소화관 내벽의 움푹 팬 부분에 있는 줄기세포가 새로운 세포를 계속 만들어 내어 세포를 교체하게 됩니다.

소화관 내벽에는 흡수를 전문으로 하는 세포도 있고 점액을 분비하는 세포도 있는데, 이런 것들이 한 종류의 줄기세포에서 생겨난답니다. 여기서 줄기세포의 중요한 성질을 알 수 있습니다. 줄기세포란 여러 형태의 세포로 분화할 수 있는 능력을 가진 세포를 말한다는 것입니다.

줄기세포의 예를 하나 더 들어 보지요. 적혈구, 그리고 대식

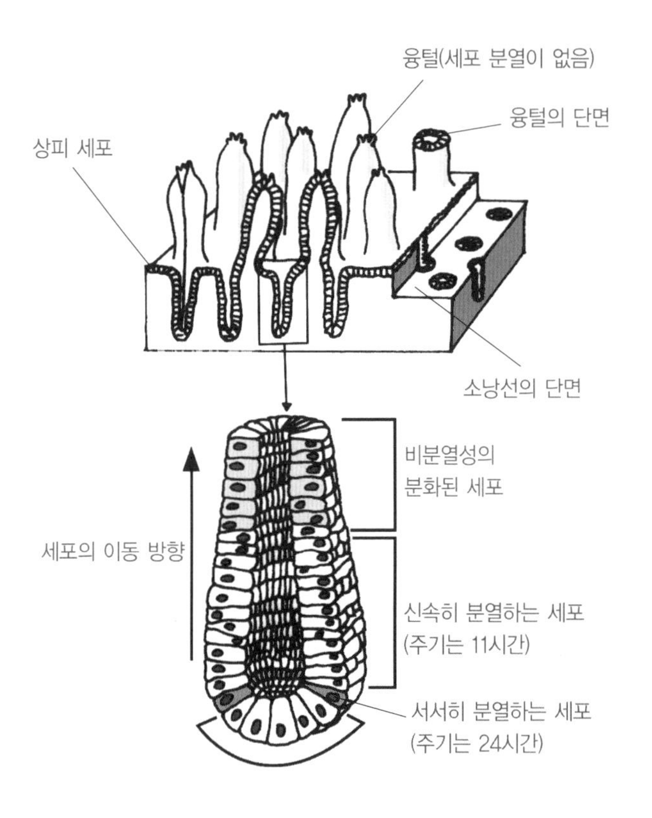

세포, 림프구, 파골 세포 등의 백혈구와 혈소판은 모두 한 종류의 줄기세포로부터 유래됩니다. 이 혈액 세포를 만드는 줄기세포는 뼛속, 그러니까 골수에 있습니다. 우리 몸의 혈액에 있는 세포들, 즉 적혈구 · 백혈구 · 혈소판 등이 골수에서 생겨나는 것입니다.

여러분 '골수 이식'이란 말을 들어보았나요? 백혈병에 걸

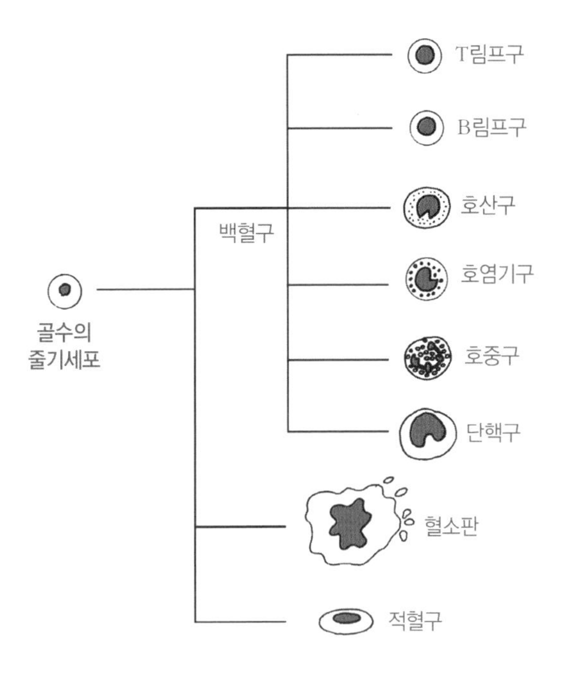

린 사람에게 정상인의 골수를 이식하면 백혈병을 치료할 수 있다고 하지요? 백혈병이란 비정상적인 백혈구가 왕성하게 생겨나는 일종의 암이랍니다. 그래서 백혈병을 치료하기 위해서 정상인의 골수로부터 정상적인 줄기세포를 얻어서 환자의 골수에 넣어 줍니다. 이를 '골수 이식'이라고 하는 거랍니다.

지금도 여러분의 몸에서는 수많은 세포가 죽고 새로 생깁니다. 그것은 우리 몸이 건강하게 살아가기 위한 눈물겨운 노력입니다. 제거되는 세포들을 생각하면 마음이 아프지만

쉬지 않고 세포를 교체하지 않는다면 우리 몸은 금방 병들 것입니다. 우리가 건강하게 살아간다는 것이 보통 일이 아니라는 것을 다시 한 번 절감하게 됩니다.

정상적인 세포는 분열을 정지시키는 브레이크가 있다

정상적인 세포는 어느 정도 분열을 하다가 멈추게 된답니다. 미리 세포 안에 세포 분열을 멈추게 하는 프로그램이 들어 있어 스스로 분열 정도를 조절하게 되지요. 하지만 어떤 세포는 분열을 멈추는 프로그램이 망가져 계속 분열하는 경우도 있습니다.

자동차 운전을 배울 때 가속기 밟는 것 못지않게 중요한 것이 브레이크 밟는 법이지요. 출발한 자동차가 멈추지 못하면

곧바로 아주 위험한 흉기가 되어 인명을 앗아 갈 수 있거든요. 분열이 잘 조절되는 세포가 운전을 잘하는 운전자가 탄 자동차와 같다면, 분열을 멈추지 못하는 세포는 브레이크가 고장 난 차와 같답니다.

암세포는 브레이크가 고장 나 있다

암세포란 분열 억제 능력을 잃어버린 세포를 말한답니다. 1951년 미국의 존스홉킨스 병원에 31세의 헨리에타 랙스라는 환자가 암 치료를 위하여 입원하였습니다. 그녀는 비록 몇 달 뒤에 죽었지만, 그녀의 암세포는 오늘날까지 살아 있답니다. 적당한 영양을 공급해 주며 배양하면 암세포가 무한정으로 분열한다는 것을 과학자들이 알았기 때문입니다.

그녀의 암세포는 지금까지 전 세계적으로 암 연구에 널리 이용되고 있습니다. 이 암세포를 연구한 논문이 수만 편이나 발표되었다니, 헨리에타 랙스는 자신도 모르게 암 연구에 크게 공헌하고 있는 것입니다. 그녀의 암세포는 그녀의 이름을 따서 '헬라(Hela) 세포'라고 불린답니다. 자, 기억해 두세요.

암세포란 분열 억제 능력을 잃어버린 세포다.

분열 억제 능력을 잃어버린 세포는 소화 기관, 생식 기관, 골수 등과 같이 분열이 왕성하게 일어나는 부분에서 많이 생겨납니다. 세포 분열이 거의 일어나지 않는 심장이나 뇌의 신경 세포에서는 암이 잘 발생하지 않는답니다. 왕성한 분열 능력을 가진 세포의 '브레이크'가 고장이 나면 암세포가 되기 때문이랍니다.

정상적인 세포는 분열의 시작과 중지를 조절하는 유전자를 가지고 있으며, 이 유전자가 정상적으로 작동을 하지요. 그러나 이런 유전자가 손상되면 세포의 분열을 억제하는 능력을 잃어버리고 암세포가 됩니다.

몇 번의 돌연변이를 거쳐야 암세포가 된다

정상적인 세포가 암세포가 되는 건 쉬운 일이 아닙니다. 우리 몸에 수많은 세포가 있지만, 암세포가 생기는 것은 드문 일인 것을 보면 알 수 있지요. 암 발생을 억제하는 프로그램, 즉 분열을 적절하게 제어하는 유전자가 몇 단계의 손상 과정을 거쳐야 암이 발생하는 것으로 알려져 있습니다.

유전자가 손상되는 것을 돌연변이라고 하는데, 적어도 다섯에서 여섯 번의 돌연변이가 일어나야 암세포가 된다고 합니다. 그렇기 때문에 발암 물질에 많이 노출될수록 나이가 많을수록, 암이 많이 발생합니다. 어린이보다는 노인에게 암 환자가 많은 것은 오랜 세월을 살아오면서 그만큼 암 발생을 억제하는 유전자가 자주 손상을 입었기 때문입니다. 20세가 암에 걸릴 확률은 80세가 암에 걸릴 확률의 $\frac{1}{20}$ 정도라고 하지요.

한 가지 재미있는 생각을 해 봐요. 쥐보다 사람이 훨씬 세포가 많지요. 그러면 쥐보다 사람이 고장 난 세포가 생길 확률이 더 높겠지요? 그래서 암에 걸릴 확률도 더 높아지겠지요? 그러나 쥐와 사람은 큰 차이는 없습니다. 마찬가지로 사람보다 코끼리가 암에 더 잘 걸리는 것도 아니랍니다. 그 이유는 아직 잘 모르니 여러분이 연구해 보기 바랍니다.

암이 무서운 것은 제자리에서만 분열하는 것이 아니라는 점이지요. 암세포는 암 덩어리로부터 떨어져 나와 혈관을 타고 멀리 떨어진 곳으로 이동하여 갈 수 있답니다. 이런 현상을 전이라고 불러요.

암세포는 암 덩어리로부터 쉽게 떨어져 나갈 수가 있습니

다. 그래서 다음에 나오는 그림처럼 혈관을 타고 이동한 다음, 모세 혈관 벽을 뚫고 나가 다른 부분에서 다시 분열을 계속하게 된답니다. 그래서 위에서 생긴 암세포가 간이나 이자 등으로 쉽게 퍼져 나갈 수 있는 거랍니다.

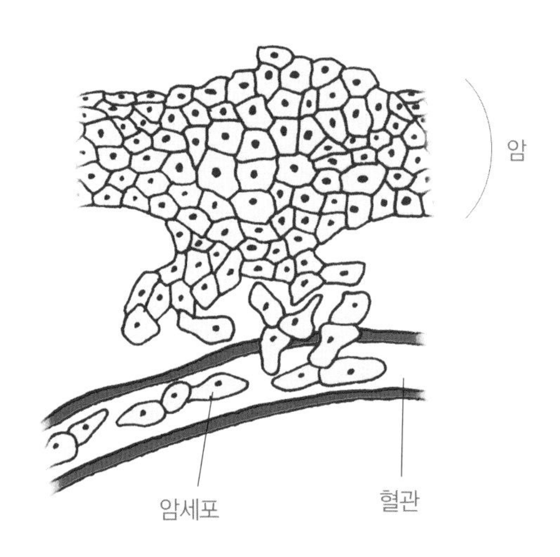

즐겁게 살아야 암에 안 걸린다

우리 몸에서 암세포는 계속 생겨난다고 합니다. 그러나 우리 모두가 암 환자가 되지 않는 것은 면역 세포의 힘도 크답니다. 암세포를 청소하는 NK 세포가 암세포를 제거해 주기 때문이랍니다. 하지만 나이가 들면 NK 세포의 활동도 줄어들어서 암이 더 쉽게 생길 수 있습니다.

아직까지 암을 치료하는 완전한 방법은 없습니다. 암을 정복하기엔 아직 많은 시간이 필요합니다. 그렇다면 어떻게 하면 암에 걸릴 확률을 줄일 수 있을까요? 우선 과음, 과식, 흡연 등 각종 발암 물질과 만나는 것을 피해야겠지요. 담배는 특히 폐암이 생기게 하는 작용을 하니 여러분은 앞으로 결코 담배를 피우지 않기 바랍니다.

어떤 사람은 암에 걸리지 않으려면 즐겁게 살라고 말합니다. 그래야 NK 세포 같은 면역 세포가 활발히 작용하여 암을 억제할 수 있다고 합니다. 면역 세포들은 마음이 평화로우면 활동을 잘하고 스트레스를 받으면 활동이 위축되거든요. 어떻게 하면 즐겁게 살 수 있느냐고요? 가장 중요한 것은 마음 자세라고 생각되네요. 밝게 생각하고 모든 일이 잘될 거라는 낙천적인 자세를 갖는 것이 즐겁게 사는 지름길이 아닐까요? 여러분 모두 일생 동안 암에 걸리지 않고 건강하게 살기를 바랍니다. 파이팅.

만화로 본문 읽기

책 속 주인공이 백혈병에 걸려서 골수 이식을 한다고 해요. 그런데 백혈병은 어떤 병이에요?
백혈병이란 비정상적인 백혈구가 왕성하게 생겨나는 일종의 암이에요.

백혈병의 치료 방식은 정상인의 골수로부터 정상적인 줄기세포를 얻어서 환자의 골수에 넣어 주는 골수 이식이 있지요.
골수 이식
줄기세포는 텔레비전 뉴스에서 많이 나오잖아요.

줄기 세포의 중요한 성질이 여러 형태의 세포로 분화할 수 있는 능력이에요. 적혈구, 백혈구와 혈소판은 모두 한 종류의 줄기세포로부터 유래되지요. 우리 몸의 혈액에 있는 적혈구, 백혈구, 혈소판 등이 골수에서 생겨나는 것이랍니다.
골수
백혈구
적혈구
혈소판

세포가 교체되려면 새로운 세포가 만들어져야 해요. 교체가 활발하게 일어나는 소화관 내벽이나 피부, 골수에서 줄기세포가 계속 분열함으로써 세포를 공급해 주는 것이지요.
아, 그렇군요.
어서 교체하러 가자…

그러나 소화관 내벽이나 피부의 세포는 분열 능력이 없고 피부 세포층의 아래에 줄기세포가 있어서 새로운 세포를 공급해 주지요. 그 결과 두 달 정도면 피부의 표피 세포는 교체가 된답니다.
세포가 벗겨져 나감
세포가 태어남
표피
진피

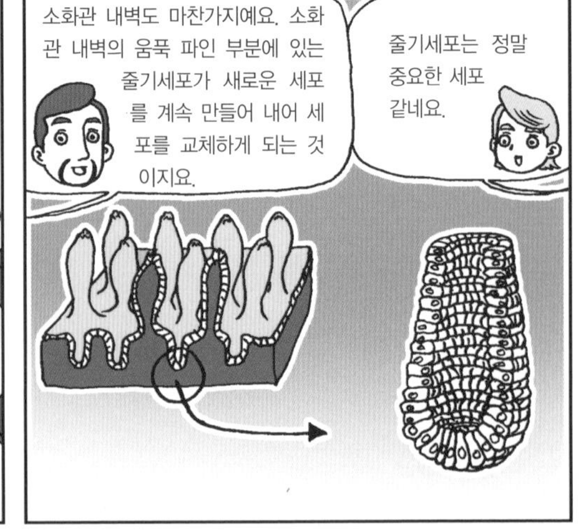
소화관 내벽도 마찬가지예요. 소화관 내벽의 움푹 파인 부분에 있는 줄기세포가 새로운 세포를 계속 만들어 내어 세포를 교체하게 되는 것이지요.
줄기세포는 정말 중요한 세포 같네요.

마 지 막 수 업

점점 늙어 가고 스스로 죽기도 해요

세포의 노화와 죽음에 대해 알아봅시다.

10

마지막 수업

점점 늙어 가고, 스스로 죽기도 해요

교.과.연.계.

중등 과학 1 6. 생물의 구성
고등 생물 II 1. 세포의 특성

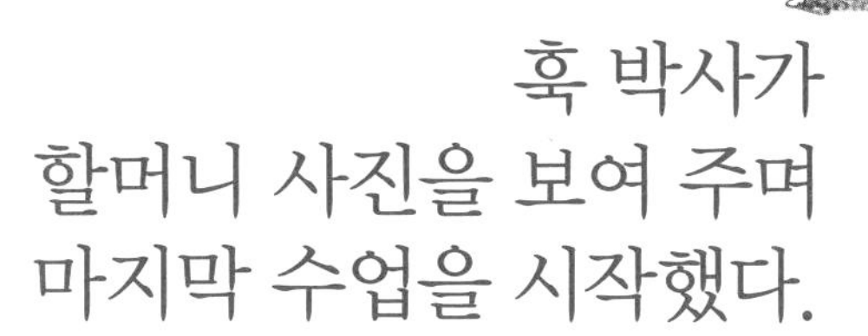

훅 박사가 할머니 사진을 보여 주며 마지막 수업을 시작했다.

사람은 나이를 먹으면 늙어 가지요. 그래서 사람은 오래 살더라도 120세 정도라고 해요. 프랑스의 칼맹 할머니가 122년을 살아서 장수 기록을 세웠다고 하네요.

오래 살려는 것은 인간의 꿈이기도 하지요. 중국의 진시 황제는 불로초, 즉 늙지 않게 하는 풀을 구해 오라고 신하들을 각지에 보냈다고 하지요. 하지만 진시 황제가 불로초를 구하지는 못했지요. 세월이 흐름에 따라 몸이 늙어 가는 것을 진시 황제인들 막을 수 있겠어요? 지금은 진시 황제의 큰 무덤만 남아 있을 뿐이지요.

몸이 늙는 것은 곧 세포가 늙는 것

몸이 늙어 가는 것을 노화라고 하는데, 노화의 원인은 아직 정확히 모른답니다. 우리의 몸이 세포로 구성되어 있는 점을 생각하면 노화란 결국 세포가 늙어 가는 것이라고 할 수도 있답니다.

우리 몸이 늙어 가는 것은 세포가 늙기 때문이다.

세포는 왜 늙어 가는 걸까요? 노화를 막을 수는 없을까요? 요즘에는 옛날보다 평균 수명이 많이 길어졌지요? 하지만 이것은 노화를 더디게 했기 때문이 아니랍니다. 위생 상태가 좋고 전염병에 걸려 죽는 경우가 감소하여 평균 수명이 늘어났을 뿐이랍니다. 이 시간에는 노화의 원인으로 널리 알려진 이론을 소개할까 합니다.

노화의 원인에 대한 과학자들의 생각은 크게 두 가지가 있어요. 하나는 세포가 손상되어서 노화가 일어난다는 손상설이고, 또 한 가지는 늙어 가도록 예정된 프로그램을 따라 노화가 일어난다는 예정설이지요.

손상설 : 세포가 점점 손상되어 노화된다는 주장

예정설 : 세포의 노화는 유전자에 의해 예정되어 있다는 주장

활성 산소가 세포를 상하게 한다

먼저 손상설이 무엇인지 알아보도록 해요. 손상설에서 가장 널리 받아들여지는 노화의 원인은 활성 산소에 의한 세포의 손상이랍니다. 활성 산소란 동식물의 체내 세포들의 대사 과정에서 생성되는 모든 산소 화합물을 가리키는 말로, 산화력이 아주 높답니다.

세포에 산소가 있어야 에너지가 나온다는 얘기는 지난번에 들었지요? 우리 몸에서 에너지를 내기 위해 주로 이용되는 영양소는 포도당이지요.

포도당 + 산소 → 이산화탄소 + 물 + 에너지

이렇게 에너지를 내는 데 이용되는 산소는 우리 몸에서 없어서는 안 될 귀중한 물질이지요. 그러나 산소가 우리 몸에 들어와서 물을 생성하지 못하고 세포에 손상을 입히는 산소

화합물을 만드는 경우가 있는데, 이를 활성 산소라고 합니다. 활성 산소는 세포 호흡에 이용되는 산소에 의해 생기기도 하지만 환경오염, 화학 물질, 자외선, 혈액 순환 장애, 스트레스 등에 의해서 증가되기도 합니다.

활성 산소는 산화력이 강하여 세포를 '녹슬게' 하는 작용을 합니다. 여기서 세포가 녹슨다는 표현은 실제 녹스는 것이 아니라, 마치 철이 산소에 의해 산화되어 녹스는 것처럼 세포도 활성 산소를 만나면 산화된다는 것을 뜻합니다.

산화가 무엇인지 잘 이해가 안 된다면 산화란 '세포가 녹스는 것이구나.' '세포가 산소와 반응하여 상하는 것이구나.' 이런 식으로 이해해도 좋답니다. 아무튼 세포가 활성 산소에 의해 녹스는 것이 바로 노화의 원인이라는 주장이 널리 받아들여지고 있답니다.

하지만 어떤 면에서는 활성 산소는 유익하기도 합니다. 세균이나 이물질로부터 몸을 지켜 주기도 하거든요. 상처가 날 때 바르는, 바르면 하얀 거품이 일어나는 과산화수소(H_2O_2)도 활성 산소의 일종입니다. 과산화수소가 소독약으로 이용되는 것은 과산화수소가 세균을 산화시켜 죽일 수 있을 정도의 산화력이 있다는 것을 의미합니다. 그러므로 과산화수소가 우리 몸에 들어온 세균을 방어하는 데 도움이 된다는 생각을

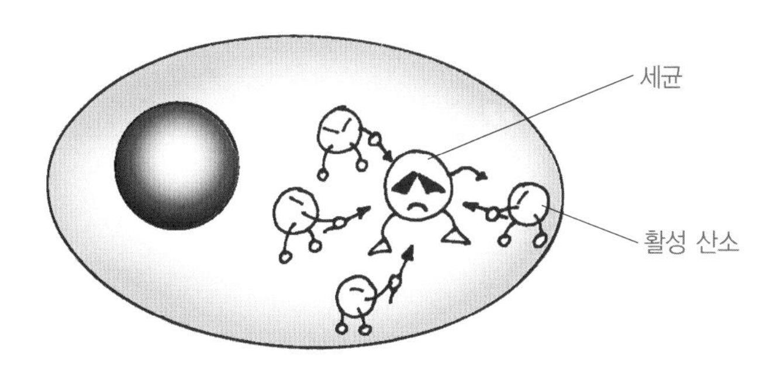

할 수 있지요.

실제로 활성 산소는 우리 몸을 방어하는 데 요긴하게 이용된답니다. 하지만 어떤 이유로 활성 산소가 지나치게 많이 생길 경우 DNA를 파괴하고, 세포막을 공격하며, 비정상적인 세포 단백질을 생성합니다.

지난번에 산소가 세포 안에 있는 미토콘드리아에서 작용한다고 했지요. 이러한 까닭에 미토콘드리아는 활성 산소의 공격을 많이 받습니다. 에너지를 만드는 미토콘드리아가 점점 기능이 나빠져서 세포에 에너지를 제대로 공급하지 못한다면 세포의 모든 기능이 점점 나빠질 것입니다. 그리고 활성 산소는 DNA를 공격하기도 하지요.

미국의 에임스(Bruce Ames)라는 학자는 하루에 활성 산소의 공격을 세포 하나의 DNA당 1만 번가량 받는다고 계산을 했지요. 물론 손상된 DNA는 세포에 의해 복구되지만, 가끔

복구가 되지 못하는 경우도 생겨난답니다. 활성 산소가 지방을 공격하기도 해요. 튀김을 오래 놔두면 원래의 맛이 나지 않지요. 지방이 산화된 탓인데, 이런 현상을 '산패'라고 하지요. 마찬가지로 세포 속의 지방도 산화됩니다.

그러면 세포의 산화를 막는 식품은 없을까요? 항산화 효과가 있다고 알려진 키위, 양배추, 아몬드, 해바라기 씨, 당근, 토마토, 미역 등이 있습니다. 녹차도 항산화 효과가 있다고 하네요. 고기 섭취를 줄이고 이런 음식을 많이 먹어야 오래 살겠지요?

분열을 멈추면 노화가 시작된다

이번에는 예정설에 대해 알아봅시다. 텔로미어 이론이라고도 해요. 염색체 끝 부분에 텔로미어라는 부분이 있는데, 이

부분은 세포가 분열할 때마다 조금씩 짧아져요. 어느 정도 짧아지면 세포가 분열을 멈추게 되지요. 그리고 분열을 멈춘 세포는 노화하기 시작한답니다. 바로 이것이 예정설입니다. 정리해 볼까요?

텔로미어가 짧아지면 세포 분열이 멈추고 노화가 시작된다.

텔로미어는 세포가 암이 되지 않고 적당한 정도에서 분열을 멈추도록 하지요. 암의 원인 중 하나는 바로 텔로미어가 짧아지지 않는 거랍니다. 암이란 분열을 멈추지 않는 세포라고 했던 것, 기억나지요?

텔로미어가 짧아지지 않게 하는 효소가 있습니다. '텔로머라아제'라는 것인데, 일반적으로 사람의 몸에서는 이 효소가 작용을 못한다고 합니다. 그런데 지난 시간에 이야기했던 암세포인 헬라 세포는 특이하게도 텔로머라아제가 활동을 하여 분열이 계속될 수 있답니다.

텔로머라아제가 있다니 암을 치료할 수도 있다는 생각이 들지요? 텔로머라아제의 기능을 억제하면 암세포가 증식하는 것을 막을 수도 있을 테고요. 그래서 이런 방향으로 연구가 진행되고 있기도 하답니다.

어쨌거나 생물 시계로 알려진 텔로미어가 줄어드는 것을 연구하면 노화의 원인에 대해 많은 것을 알게 될 것입니다. 여러분은 노화가 없는 세상에 살 수 있을지 모르겠네요. 그런데 노화가 없는 세상이 과연 좋을까요? 사람의 수명이 200세, 300세로 늘어난다면 말이에요. 오래 살기를 꿈꾸는 것은 참 당연한 일이긴 해요. 하지만 매 순간 더욱 보람 있게 살기 위해 애쓰는 것이 더 중요하지 않을까요?

세포의 죽음에는 2가지가 있다

우리 몸에서 세포는 수없이 새로 생기고 죽기도 하지요. 수명을 다한 세포가 죽으면 새로운 세포로 교체된다는 것은 이미 이야기를 했었지요.

세포가 교체되는 것을 보노라면 직장에서 나이를 먹었다고 퇴직하는 회사원들이 생각나서 좀 씁쓸하지만, 사람의 세계나 세포의 세계나 세대교체는 어쩔 수 없이 일어나지요.

이번에는 건강한 세포도 전체를 위해 죽기도 한다는 이야기를 할까 해요.

심한 상처를 입은 세포는 부풀어 오르고 터져서 내용물이 밖으로 나오게 됩니다. 이 같은 세포의 죽음은 염증을 일으키지요. 반면에 예정된 세포의 죽음은 주변에 아무런 영향을 주지 않습니다. 상처를 입은 세포의 죽음을 네크로시스, 세포 스스로 죽음을 택하는 것을 아포토시스라고 부른답니다.

지금 이야기하려는 것이 바로 아포토시스입니다. 아포토시스의 경우 세포는 점점 축소되고 핵막이 없어지며, DNA가 조각이 나게 됩니다. 그러면 대식 세포가 알아보고 죽어 가는 세포를 먹어 치운답니다.

아포토시스는 얼핏 보면 쓸모없는 일처럼 보이기도 합니다. 예를 들어, 척추동물의 경우 발생 과정에서 생겨나는 신경 세포 중 절반이 죽어 나간답니다. 발생이 무엇이죠? 엄마 뱃속에서 아이가 생겨나는 것을 말합니다. 발생 과정에서 신경 세포가 충분히 형성된 다음 여분의 신경 세포가 제거되는 것입니다.

예를 들어, 신경이 연락해야 할 표적 세포는 3개이고, 3개의 신경 세포만 필요하다고 해 봐요. 6개의 신경 세포가 있을 경우 3개는 제거된다는 것입니다. 제거되는 과정은 표적 세포가 보내는 신호를 많이 받는 쪽이 살아남고, 적게 받는 쪽은 스스로 죽음을 택하게 되는 것이지요.

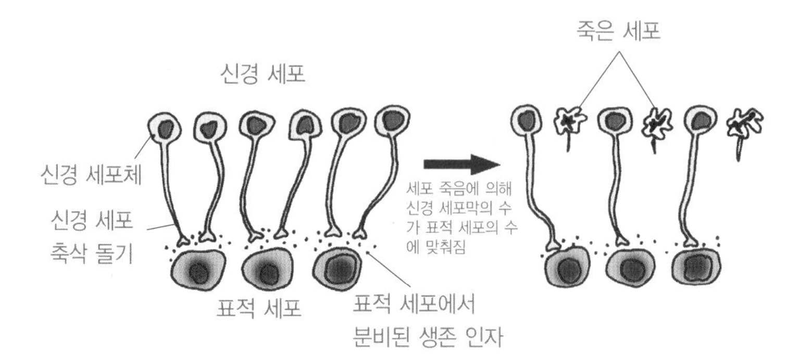

손가락은 세포가 죽어서 만들어진다

아포토시스의 또 하나의 예를 들어 보죠. 아이의 손이나 발이 처음 생겨날 때 처음부터 손가락이나 발가락이 섬세하게 생겨나는 것이 아니랍니다. 먼저 삽처럼 생겨나기 시작해서 손가락이나 발가락이 될 부분의 사이사이 세포들이 죽게 됩니다. 그러면 나머지 세포들이 손가락과 발가락이 되죠.

아포토시스는 더 이상 필요가 없는 세포에서도 일어난답니다. 예를 들어, 올챙이가 개구리로 변태할 경우, 다리가 생긴 다음에 꼬리는 더 이상 필요가 없게 되지요. 이럴 때 세포는 죽음을 택하게 됩니다. 이때 죽음을 택하는 것은 외부에서 오는 신호에 의해 일어납니다.

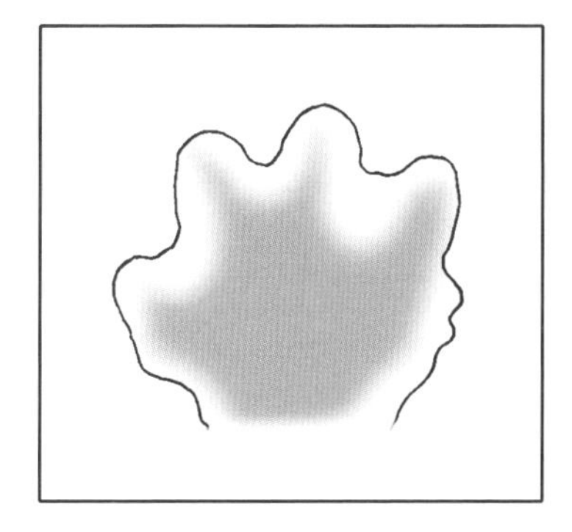

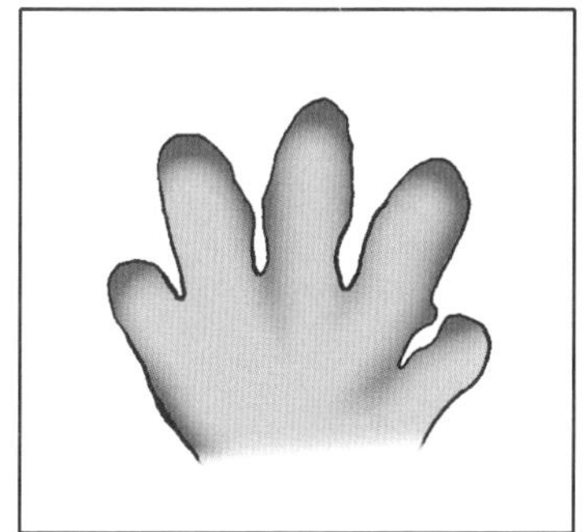

올챙이의 몸에서는 꼬리의 세포에 갑상샘 호르몬을 계속 보냅니다. 말하자면 '너는 필요가 없는 세포다. 이제 그만 없어져야 한다'는 신호가 계속 가는 것입니다. 그러면 올챙이 꼬리의 세포는 스스로 죽음을 택하게 되는 것이랍니다. 조금 슬픈 이야기네요. 올챙이 꼬리도 그동안 올챙이가 헤엄치는 데 많은 공을 세웠는데 말입니다.

이제 물갈퀴가 있는 다리가 생기고, 또 땅에서 생활하는 시간이 많아져 꼬리는 더 이상 필요가 없게 되었으니 어쩔 수

없는 노릇이죠. 만일 꼬리의 세포가 죽지 않으면 어떤 불리함이 있을까요? 필요도 없는 꼬리 세포를 먹여 살리느라 많은 영양소를 소비해야겠죠? 개구리로서는 마음이 아프겠지만, 꼬리 세포가 아포토시스를 택해 주길 바라는 거랍니다.

여분의 세포는 죽음을 택한다

세포의 죽음은 조직이 자라거나 축소되는 것을 막는 데 이용되기도 합니다. 다 자란 쥐의 간을 일부 잘라 내면 간세포가 활발하게 분열하여 원래대로 되돌아갑니다. 반면에 간세포의 분열을 촉진하는 약품을 처리하여 간을 크게 생장시키면, 얼마 뒤 많은 세포들이 아포토시스를 택함으로써 간의 크기는 원래대로 되돌아갑니다. 이런 것을 보면 아포토시스는 어떤 기관이 가지는 세포 수를 일정하게 유지하는 데도 필요한 것임을 알 수 있습니다.

그런데 세포가 어떻게 자살하는지 궁금할 것입니다. 자살의 주역은 단백질 분해 효소입니다. 외부의 신호에 의해 한 분자의 단백질 분해 효소가 일을 시작합니다. 그러면 많은 다른 단백질 분해 효소가 연쇄적으로 더 많은 단백질 분해 효소들로 하여금 일을 시작하게 한답니다. 결국 이들 단백질 분해 효소에 의해 세포 내 중요한 단백질을 분해하여 버림으로써 세포가 깔끔하고 빠르게 죽게 하는 것입니다.

우리 몸은 참 냉정한 것 같습니다. 필요가 없는 세포는 즉시 제거하거나 죽음을 택하도록 하지요. 이렇게 하여 몸을 항상 일정하게 유지하도록 합니다. 그렇지 않으면 온몸이 병들게 될 것입니다. 그러므로 대를 위해 소를 희생할 수밖에 없겠지요. 아무쪼록 여러분 한 사람 한 사람이 모두 사회에서 쓸모가 있는 사람이 되길 바랍니다. 여러분이 있어 사회가 더 건강해지고, 여러분이 있어 다른 사람들이 더 행복해질 수 있도록 말입니다.

만화로 본문 읽기

아야야, 살살 좀 치료해 주세요.
염증이 생겼네요. 심한 상처를 입은 세포는 부풀어 오르고 터져서 내용물이 밖으로 나오는데, 이러한 세포의 죽음이 염증을 일으키지요.

세포의 죽음에는 두 가지가 있지요. 상처를 입은 세포의 죽음을 네크로시스, 세포 스스로 죽음을 택하는 것을 아포토시스라고 불러요.
건강한 세포가 죽기도 한다는 얘긴가요?
네크로시스
아포토시스

그렇지요. 아포토시스의 경우 세포는 점점 축소되고 핵막이 없어지며, DNA가 조각나게 되지요. 그러면 대식 세포가 알아보고 죽어 가는 세포를 먹어 치운답니다.

아포토시스는 얼핏 보면 쓸모없는 일처럼 보이지요. 하지만 예를 들어 엄마 배 속에서 아이가 생겨나는 과정에서 신경 세포가 충분히 형성되면 여분의 신경 세포가 제거되지요.

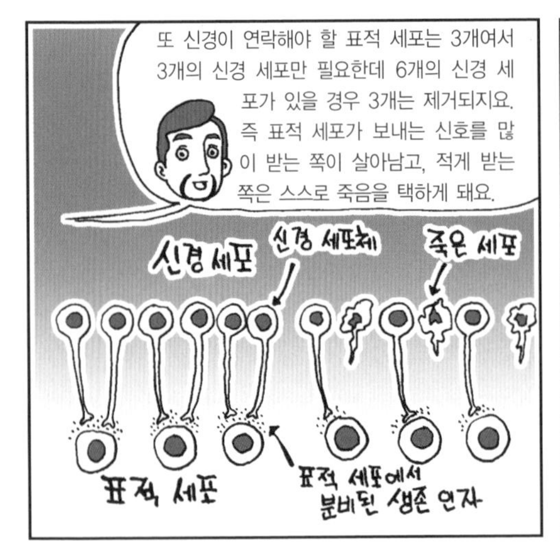

또 신경이 연락해야 할 표적 세포는 3개여서 3개의 신경 세포만 필요한데 6개의 신경 세포가 있을 경우 3개는 제거되지요. 즉 표적 세포가 보내는 신호를 많이 받는 쪽이 살아남고, 적게 받는 쪽은 스스로 죽음을 택하게 돼요.
신경 세포
신경 세포체
죽은 세포
표적 세포
표적 세포에서 분비된 생존 인자

아이의 손가락이나 발가락도 처음에는 삽처럼 생겨나기 시작해서 사이사이 세포들이 죽게 되지요. 그러면 나머지 세포들이 손가락과 발가락이 되는 거랍니다.
그렇군요.

과학자 소개

세포라는 이름을 최초로 붙인 훅 Robert Hooke, 1635~1703

영국의 과학자인 훅은 와이트 섬에서 목사의 아들로 태어났습니다. 옥스퍼드 대학교를 졸업한 후, 윌리스의 화학실험 조수를 거쳐 보일(Robert Boyle, 1627~1691)의 진공 펌프 제작에 관여하여 보일의 법칙 발견에 도움을 주었습니다.

훅은 현미경을 이용하여 맨눈으로 보기 어려운 대상을 관찰하는 것을 매우 즐겨했습니다. 벼룩, 먼지, 곰팡이, 이끼 등 여러 가지를 현미경으로 관찰하였고, 그것을 스케치하곤 했답니다.

어느 날 현미경을 이용하여 얇게 자른 코르크를 관찰했습니다. 현미경으로 본 코르크의 모양이 벌집과 같은 작은 방으로 이뤄진 것을 보고 '작은 방'이라는 뜻의 라틴어를 빌려 'cell(색인)'이라고 이름 지었습니다. 그러나 엄밀하게 말한다면 훅이 관찰한 것은 세포 자체가 아니라 세포벽이었지요. 하지만 이것은 세포의 형태를 최초로 발견한 역사적인 사건이 되었습니다. 훅은 자신의 관찰 결과를 정리하여 1665년 《마이크로그라피아》라는 책을 썼답니다.

그 후 1800년대에 슐라이덴(Matthias Schleiden, 1804~1881)이 식물은 세포로 이루어져 있다는 '식물 세포설'을 주장하고, 이어서 슈반(Theodor Ambrose Hubert Schwann, 1810~1882)이 동물에까지 세포설을 확장시킴으로써 세포가 생물을 이루는 기본 단위로 알려지게 되었지요. 또한 생물의 생명 활동이 모두 세포에서 일어나는 것이 밝혀진 뒤로 생물학이 빠르게 발달하게 되었답니다.

훅은 1678년부터 1682년까지 런던 왕립학회 회장을 역임하였으며, 1665년부터는 옥스퍼드 대학교 기하학과 교수가 되어 학생들을 가르쳤습니다.

과학 연대표

언제, 무슨 일이?

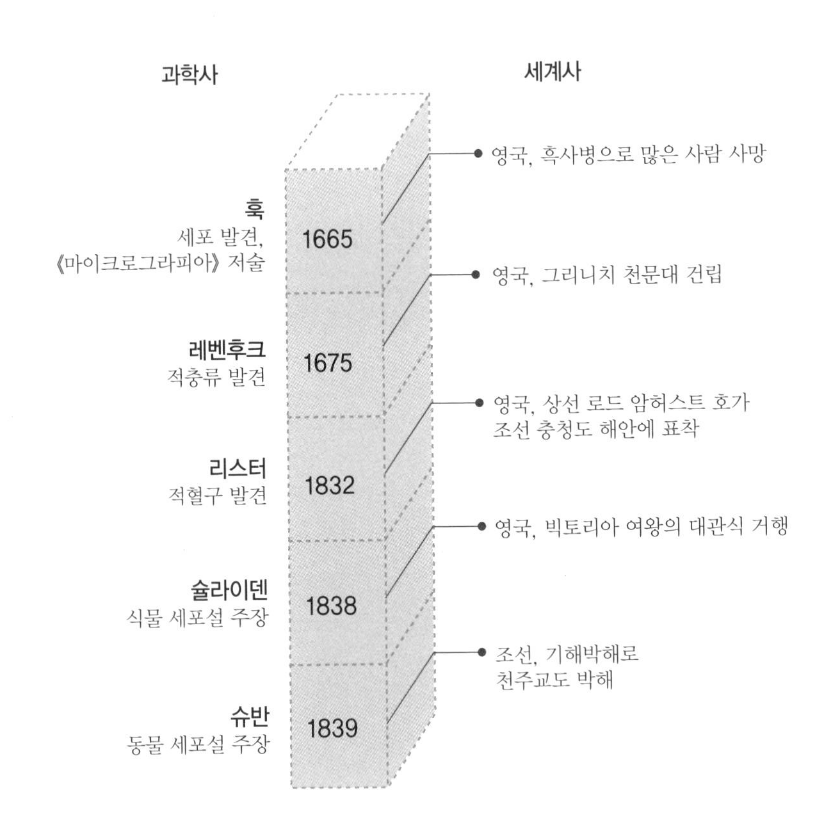

과학사	연도	세계사
훅 세포 발견, 《마이크로그라피아》 저술	1665	영국, 흑사병으로 많은 사람 사망
레벤후크 적충류 발견	1675	영국, 그리니치 천문대 건립
리스터 적혈구 발견	1832	영국, 상선 로드 암허스트 호가 조선 충청도 해안에 표착
슐라이덴 식물 세포설 주장	1838	영국, 빅토리아 여왕의 대관식 거행
슈반 동물 세포설 주장	1839	조선, 기해박해로 천주교도 박해

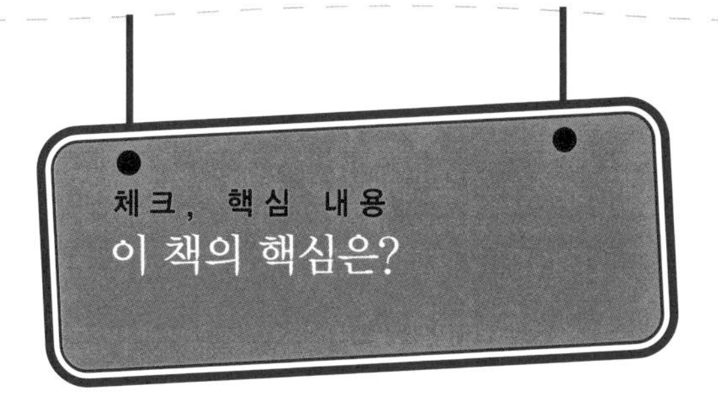

1. 현미경의 배율을 2배 높게 하면 면적은 □ 배로 확대됩니다.
2. 세포는 □, 세포질, 세포막을 가지고 있습니다.
3. □□□ 은 세포의 모양을 유지하고, 세포 안으로 물질이 들어오는 것을 조절하고, 외부의 신호를 받아들이기도 합니다.
4. 세균은 하나의 세포로 이뤄진 생물인데, 우리 몸의 세포와 달리 세균의 세포에는 □ 이 없습니다.
5. 바이러스는 □□ 과 단백질, 2가지 물질로 이루어져 있습니다.
6. □□□ 은 세포 사이에 연락을 담당하는 물질입니다.
7. 세포가 분열할 때는 우선 □□□ 를 복제하여 2배로 만들어야 합니다.
8. 여러 종류의 세포로 변할 수 있는 세포를 □□ 세포라고 합니다.

1. 4 2. 핵 3. 세포막 4. 핵 5. 핵산 6. 호르몬 7. DNA 8. 줄기

이슈, 현대 과학

암을 치료하는 데 이용될 수 있는 줄기세포

암은 분열을 멈추지 않는 세포입니다. 암에 걸렸다는 말은 몸의 한 부분에서 세포가 분열을 멈추지 않고 있다는 뜻이지요. 뇌에 암이 자란다면 어떻게 될까요? 뇌는 몸의 모든 기능을 조절하는 우리 몸의 중심이지요. 따라서 뇌에 암이 자란다면 우리 몸은 혼란에 빠지게 되고, 급기야 생명을 잃을 수 있습니다.

뇌에 생긴 암을 뇌종양이라고 합니다. '종양'이란 혹이라는 말과 비슷한 용어로서 암을 악성 종양이라고도 합니다. 악성 뇌종양은 수술하거나, 항암 및 방사선 치료를 해도 평균 생존 기간이 1~2년밖에 안 되는 아주 무서운 질병입니다. 그런데 최근에 이렇게 고치기 어려운 암인 악성 뇌종양을 성체 줄기세포로 치료할 수 있는 길이 열렸습니다.

2008년 12월 3일, 가톨릭대학교 강남성모병원 신경외과 전신수 교수팀은 탯줄에서 추출한 성체 줄기세포로 뇌종양 세포를 추적하고 이를 파괴할 수 있는 치료법을 찾았다고 밝혔습니다.

줄기세포는 몸속에 있는 종양 세포를 향하여 이동하는 성질이 있다는 사실이 최근 밝혀졌습니다.

전신수 교수팀의 이번 연구도 암세포를 향하여 이동하는 줄기세포의 성질을 이용한 것입니다. 암세포만 골라 죽이는 물질을 분비하도록 유전자가 조작된 줄기세포를 뇌종양을 일으킨 실험 쥐의 종양 부위 반대편 뇌에 이식한 결과, 이식된 세포들이 종양 부위로 이동하는 것이 관찰됐습니다.

또한 치료 유전자가 조작된 줄기세포를 투여한 쥐의 생존율 및 종양 크기 분석 결과 그렇지 않은 쥐에 비해 뛰어난 항암 효과를 보였으며, 줄기세포가 암세포를 따라 이동하면서 암세포를 죽이는 물질을 분비해 암의 크기를 감소시켜 뇌종양에 걸린 실험 쥐의 생존율을 높였다고 합니다. 이러한 실험 결과를 바탕으로 사람의 뇌종양을 줄기세포로 치료할 수 있는 날이 머지않아 올 것으로 생각합니다.

찾아보기

어디에 어떤 내용이?